DIE ARBEIT DES PATENTINGENIEURS

IN IHREN PSYCHOLOGISCHEN ZUSAMMENHÄNGEN

VON

LUDWIG FISCHER

BERLIN
VERLAG VON JULIUS SPRINGER
1923

ISBN-13: 978-3-642-47161-2 e-ISBN-13: 978-3-642-47464-4
DOI: 10.1007/ 978-3-642-47464-4

Inhaltsverzeichnis.

Das Geheimnis der menschlichen Geistesarbeit zu enträtseln, um daraus Regeln für erfolgreiches Arbeiten herzuleiten, hat von jeher den Menschen gelockt; um so mehr, da man bei verschiedenen Menschen ganz augenfällige Unterschiede im Erfolg solcher Arbeit beobachten kann, während doch jeder für sich überzeugt ist, in seinen Fähigkeiten nicht allzu sehr hinter irgendeinem anderen zurückzustehen.

Das Bedürfnis, dem Wesen der geistigen Arbeit näherzukommen, ihre Gesetze zu ergründen und Arbeitsregeln zu finden, führte schon im Altertum zur Logik und zur Dialektik, die damals durch ARISTOTELES einen Gipfel erreichten und am Ausgang des Mittelalters (besonders durch RAMUS) zu weiteren Höhen emporstiegen. Sie behandelten aber nur gewisse Formgesetze des Denkens; nur dessen „rationale" Seite. Die geistige Bewegung, die vom Mittelalter zur Neuzeit führte, verlangte eine Ergänzung; einen Wegweiser, der in das Gebiet jenseits der bloßen Formgesetze hineinführt. BACON, der hervorragende Naturforscher, Philosoph und Staatsmann, und DESCARTES, der große Mathematiker, Naturforscher und Philosoph, erkannten die Bedeutung der Aufgabe und gingen an ihre Lösung fast gleichzeitig heran, am Anfang des 17. Jahrhunderts.

FRANCIS BACON wies die allgemeinen Richtlinien für das künftige Arbeiten der Wissenschaft[1]). Er fordert: Die Phantasie zügeln. — Vorurteilen, Neigungen und Wünschen keinen Einfluß auf das Urteil gestatten. — Planmäßig beobachten. — Das Beobachtete genau niederschreiben, — ordnen, — dabei Wesentliches und Unwesentliches scheiden. — Dadurch Zusammenhänge und Gesetzmäßigkeiten aufdecken. — Stufenweise höhersteigen im planvollen Zusammenwirken vieler. — Und dann: Anwendung des Erlangten für nützliche Erfindungen.

Damit wies er besonders der Naturforschung den rechten Weg, der ihr auch den Anschluß an die Technik sicherte.

---

[1]) „Novum Organon" 1623.

René Descartes dagegen suchte die psychologischen Grundbedingungen erfolgreichen, geistigen Arbeitens[1]). Er findet zunächst: Logik und Dialektik sind niemals schöpferisch. Die schöpferische Kraft entspringt einem anderen Quell. Zu diesem will er hinführen.

Hochleistung auf irgendeinem, wenn auch engen Geistesgebiet setzt Vielseitigkeit voraus, denn alles menschliche Erkennen ist ein Ganzes, dessen Teile ineinandergreifen. Um den Geist für die Behandlung verwickelter Fragen allgemein zu schulen und zu reifen, empfiehlt er daher möglichst vielseitige Ausbildung: Allgemeine Welt- und Lebenserfahrung sammeln; Handwerk erlernen; sich in alle Wissenschaftszweige einmal vertiefen. So bekomme man Übung im Finden von Zusammenhängen. Alle Geistesfähigkeiten soll man für die Arbeit möglichst gleichmäßig ausbilden und heranziehen: Verstand, Anschauungsvermögen, Gedächtnis usw.

Erfolgreiche Arbeit verlangt selbständiges, ziel- und kraftbewußtes Streben. Man verlasse sich nicht auf fremde Ansichten, nicht auf Vermutungen, sondern nur auf eigene, klare Einsicht. — Zu dieser kann nur planmäßiges Vorgehen helfen. — Hauptregel dafür: Verwickelte Fragen in ihre einfacheren Teile zerlegen und dabei alle Einzelheiten und ihren Zusammenhang ans Licht ziehen. — Nie über unklare Punkte hinweggehen. — Immer auf das Allgemeinere achten und ihm das Besondere unterordnen. — Alles in seinem Verhältnis zum Zielgedanken erfassen. — Von dem Gefundenen vollständige, geordnete Übersichten machen.

Um den Geist für die Lösung einer bestimmten, verwickelten Aufgabe vorzubereiten, empfiehlt er gerade bei den klarsten, einfachsten Elementen der Frage eindringlich zu verweilen, bis alles in Fleisch und Blut übergegangen ist. Dann wird von selbst der Blick frei für die inneren Zusammenhänge. —

Er zeigt an Beispielen eigener, erfolgreicher Forscherarbeit, wie man so zur geistigen Konzentration kommen, Weite mit Tiefe des Blickes vereinen, über das Einzelne hinaus das Ganze sehen kann; und wie man dabei den Geist durch Hilfsmittel geschickt unterstützen und entlasten kann.

---

[1]) „Regulae ad directionem ingenii.“ Dies Buch hat er wahrscheinlich um dieselbe Zeit geschrieben, als das Bacon'sche „Organon“ erschien. Es wurde aber erst ein halbes Jahrhundert nach seinem Tode veröffentlicht. Es hat auffallend wenig Beachtung gefunden; besonders gilt das von seiner psychologischen Seite, auf die wir hier besonders achten. In kürzerer Fassung und in besonderer Anwendung brachte er seine „Regeln“ 1637 in seiner Schrift „Discours de la méthode pour bien conduire sa raison et chercher la vérité dans les sciences.“ Dieses Werk hat auf die Entwicklung der Wissenschaft größten Einfluß gewonnen, aber weniger wegen seines arbeitspsychologischen Gehalts, als wegen der Strenge seines wissenschaftlichen Aufbaues und der Eigenart seiner Ergebnisse.

Diese Lehren wurden von DESCARTES selbst sehr hoch gewertet. Sie beruhten auf wohlbegründeter, arbeitspsychologischer Einsicht. Man wußte aber Jahrhundertelang nichts Rechtes damit anzufangen; weder für die Wissenschaft, noch für den Gebrauch bei der Arbeit. Man erfreute sich der sonstigen großen Leistungen DESCARTES' und betrachtete seine „Regeln“ wohl mehr wie eine gefühlsmäßige Form, in der er sich über seine eigene gottgegebene Schöpferkraft Rechenschaft zu geben suchte.

Dennoch waren auch die Jahrhunderte nach ihm für die Arbeitspsychologie nicht unfruchtbar. Eines der wirksamsten Hilfsmittel wurde wenigstens für einige bestimmte Arbeitsgebiete hoch entwickelt: die Formelsprache. Von ihr haben bisher hauptsächlich die Mathematik und die Chemie Nutzen gezogen.

Die wissenschaftliche Formel besteht aus einfachen sinnlichen Zeichen, die Begriffe vertreten und nach streng gesetzmäßigen Vorschriften miteinander verknüpft sind. Die Formel ermöglicht die übersichtliche Darstellung hochverwickelter Begriffsverbindungen und ein schematisches, dennoch aber sicheres Arbeiten damit, ohne daß man die Begriffe selbst ganz aufleben lassen muß. Das bedeutet Entlastung des Geistes; Unterstützung des Vorstellens in verwickelten, allgemeinen, begrifflichen Verhältnissen, die uns andernfalls ganz unzugänglich wären; sichere Führung zu ungeahnten Höhen.

Diese Formelsprache ist aber nur ein Sonderausdruck eines allgemeineren Strebens, das MACH[1]) als „Ökonomie“ der geistigen Arbeit bezeichnet hat, und das sich auch in anderen Formen äußern kann. Man denke an die heutigen graphischen Verfahren, wie sie besonders die Technik sich für ihren Gebrauch entwickelt hat. Wir werden in vorliegender Schrift arbeitsökonomischen Maßnahmen noch anderer Art begegnen.

Das ökonomische Streben mag dereinst noch viel größere Bedeutung für das geistige Arbeiten erlangen als wir heute ahnen. Die ökonomischen Hilfsmittel können einen mittelalterlichen Traum des RAIMUNDUS LULLUS erfüllen, der zwar mit seiner wunderlichen „Ars magna“ vollständig entgleiste, aber doch nach Jahrhunderten noch selbst einem LEIBNIZ zu denken gab.

Im vorigen Jahrhundert ist die Psychologie durch HERBART, FECHNER, WUNDT ein Zweig der experimentellen Naturforschung geworden und ist auch der Frage der menschlichen Arbeitsleistung nähergekommen. Zunächst hat man die mechanische Arbeit des Menschen behandelt.

---

[1]) E. MACH: „Die Mechanik in ihrer Entwicklung“, 8. Aufl., 1921, S. 457ff. und an vielen anderen Stellen.

Dadurch wurde die Industrie aufmerksam („Taylorismus"). Man vermag heute durch Versuche auch einige geistige Eigenschaften zu werten, die für die Berufswahl in einfacheren Fällen wichtig sein können. Ein gangbarer Weg, der durch planmäßige Versuche über die BACON'schen und DESCARTES'schen Regeln hinaus zu einer Psychologie der eigentlichen geistigen Arbeit führen könnte, ist aber noch nicht gefunden worden. Wohl brachte LINDWORSKY[1]) vor einigen Jahren eine längere Versuchsreihe, bei der er mehreren Personen ganz einfache, meist rätselähnliche Aufgaben stellte, deren jede im Bruchteil einer Minute zu lösen war. Aus den Berichten der Versuchspersonen über ihre Denkvorgänge bei der Lösung dieser Aufgaben zog er seine Schlüsse. Diese können aber nicht weit in das Gebiet der geistigen Arbeit führen, denn bei dieser handelt es sich fast immer um sehr viel verwickeltere Aufgaben und vor allen Dingen um Dauerleistungen. Dabei treten Verhältnisse in den Vordergrund, die bei jenen einfachen Versuchen ganz zurücktreten. Um diese besonderen Zusammenhänge aufzudecken, müßte man viele Versuchspersonen bei täglicher Dauerarbeit an verwickelten Aufgaben lange Zeit beobachten; die Aufgaben müßten sich in ähnlicher Art und unter ähnlichen Bedingungen vielmals wiederholen. Da sich der Geist des Arbeiters selbst allmählich durch die Arbeit umgestaltet, und da diese Änderungen besonders wichtig sind, so müßte die Beobachtungszeit über Jahre ausgedehnt werden. Das sind aber Bedingungen, die sich für einen lediglich der Wissenschaft halber unternommenen Versuch kaum verwirklichen lassen würden.

Um weiterzukommen, könnte man die Geschichte der Wissenschaft befragen, um zu erfahren, wie die großen Leistungen der Geistesarbeiter zustande kamen. DUHEM hat z. B. in dieser Weise die arbeitspsychologische Bedeutung der persönlichen Anlage eines Menschen für seine naturwissenschaftliche Forschertätigkeit behandelt[2]). In ähnlichem Sinn sucht JASPERS den Zusammenhang zwischen der Geistesanlage des Menschen und seiner philosophischen Weltanschauung[3]). Auf diesem Wege wird man aber immer nur in einigen ganz allgemeinen Zügen erkennen, wie der Denkinhalt und die Art, wie er sich ordnet, von einer gewissen Geistesanlage abhängt. In den Verlauf des Denkvorganges selbst wird man auf diesem Wege keinen tieferen Einblick bekommen, und man wird keine Regeln für den Gebrauch des Geistesarbeiters gewinnen. Den wissenschaftlichen Versuch können jene Erkenntnisse wertvoll ergänzen, aber nicht ersetzen.

---

[1]) LINDWORSKY: „Das schlußfolgernde Denken", 1916.

[2]) DUHEM: „Ziel und Struktur der physikalischen Theorien", übersetzt von ADLER 1908, S. 68ff.

[3]) JASPERS: „Psychologie der Weltanschauungen", 1919. Auf ähnlichen Bahnen bewegt sich auch MÜLLER-FREIENFELS: „Persönlichkeit und Weltanschauung", 1919.

Nun gibt es Arbeitsorganisationen, die zwar nur gewerblichen Zwecken dienen, gleichwohl aber manche Bedingung erfüllen, die für einen großzügigen wissenschaftlichen Versuch zu stellen wäre. Ein aufmerksamer Beobachter kann hier ein reiches Feld finden. Wenn man irgendeinen Vorgang tausenfältig wahrnimmt, so schärft sich schon ganz von selbst der Blick für die Zusammenhänge, die für den feineren Verlauf dieses Vorganges ausschlaggebend sind. Wer aber planmäßig beobachtet und auch den Einfluß geänderter Bedingungen auf den Ablauf des Arbeitsvorgangs berücksichtigt, der wird zu mancher wertvollen Erkenntnis gelangen können.

Besonders günstig liegen die Vorbedingungen für solche Beobachtungen in der von mir seit fast einem Vierteljahrhundert geleiteten Organisation, über die ich hier berichten will: in der Patentabteilung des Siemens-Konzerns.

Da ich von vornherein die Aufgabe dieser Organisation sehr hoch stellte und da die geeigneten Kräfte immer schwierig zu finden und langwierig heranzubilden waren, so mußte ich suchen, aus jedem einzelnen Mitarbeiter Höchstleistungen herauszuholen und auf Grund von Beobachtung und Erfahrung die günstigsten Arbeitsbedingungen zu schaffen. Daher werden sich bei meiner Schilderung jener Organisation von selbst manche arbeitspsychologische Zusammenhänge zeigen, die wohl auch manchem wertvoll sein können, der andere Ziele verfolgt als ich.

Von einer strengen, umfassenden Psychologie der geistigen Arbeit sind wir sicherlich noch weit entfernt, so wichtig auch dieses Gebiet für die Wissenschaft und für die Arbeit wäre. Die naturwissenschaftlich vorgehende Psychologie vermochte, wie wir gesehen haben, in das Gebiet bisher noch nicht nennenswert einzudringen. Was sonst in den letzten Jahrzehnten an Schriften erschienen ist, die sich an die Frage heranwagen[1]), entbehrt meist der ausreichenden Erfahrungsgrundlage und reicht trotz mancher wertvollen Bemerkung im allgemeinen kaum an das heran, was die beiden obenerwähnten Großen schon vor 300 Jahren gaben.

Eine Schwierigkeit liegt darin, daß in der geistigen Arbeit eine irrationale Triebkraft entscheidend mitwirkt, die sich mit logischen Gesetzen und dialektischen Künsten nicht meistern läßt. In ihr liegt das vielleicht ewig unlösbare Rätsel der Persönlichkeit und der Schöpferkraft, die keinem Menschen ganz versagt ist, aber in mannigfaltiger Weise gehemmt sein kann. Wenn man ihrer auch nicht völlig Herr zu werden vermag, so kann man doch den Boden abgrenzen, dem sie

[1]) Ich denke an Schriften, die sich unter Bezeichnungen darbieten wie: „Kunst der Konzentration“, „Beste Art geistig zu arbeiten“, „Wesen des Erfindens“ usw.

ihre Kraft verdankt; und dort die Widerstände hinwegräumen, die ihr freies Spiel hemmen. Gelingt dies, so fließt der „Quell aus verborgenen Tiefen"; beim „Genie" zuweilen als Springquell mit vulkanischer Urkraft emporgetrieben, aber auch bei dem Durchschnittsmenschen ergiebig genug. Ich habe im 3. Kapitel versucht, hierfür wenigstens einige Fingerzeige zu geben.

Ich hoffe also durch meine Ausführungen nicht nur dem Organisator und dem beruflichen Geistesarbeiter, sondern auch dem Psychologen die eine oder andere entwicklungsfähige Anregung zu bringen.

I. Die Entwicklung der Patentabteilung des Siemens-Konzerns.

Die arbeitspsychologischen Zusammenhänge, die einer Organisation zugrunde liegen, wird man im allgemeinen erst voll verstehen können, wenn man ihre besonderen Lebensbedingungen kennt und die Bedürfnisse und die Gedankenkreise, aus denen sie entstanden ist. Das gilt in besonderem Maße für die Organisation, die uns im Nachfolgenden beschäftigen wird. Werfen wir also zunächst einen Blick auf die in mancher Beziehung merkwürdige Geschichte dieser Organisation.

1. Die ältere Organisation.

Die ältere Organisation — Ihre Mängel — Die damalige Lage der Industrie — Schwierigkeiten einer Neuordnung — Allgemeine Richtlinien.

Im Sommer 1899 übernahm ich es, das Patentwesen von Siemens & Halske neu zu gestalten. Diese Firma meldete damals jährlich etwa 100 Patente in Deutschland an; dazu kamen noch rund 90 Gebrauchsmuster, ferner eine größere Anzahl Anmeldungen im Ausland, einige Einsprüche, Nichtigkeitsklagen und Prozesse. Mit der Behandlung aller dieser Sachen waren 5 oder 6 Ingenieure betraut, die mit einigen Hilfskräften an drei voneinander unabhängig arbeitenden Stellen tätig waren. Außerdem bestand noch eine gemeinsame Verwaltungsstelle, die alle Patentsachen verbuchte, die Hauptakten führte und die Fristen überwachte.

Den gesamten Verkehr mit dem deutschen Patentamt und mit den ausländischen Ämtern und Vertretern vermittelten zwei nicht zum Hause gehörige Patentanwälte, die von Zeit zu Zeit die Betriebe besuchten und die schwebenden Sachen in den drei Arbeitstellen besprachen. Diese Anwälte hatten nicht nur alle Patentangelegenheiten nach außen zu vertreten; sie hatten außerdem für die Firma die fremden Schutzrechte zu überwachen und Auszüge daraus zu besorgen.

Dieser Organisation fehlte vor allem die Einheitlichkeit. Vom Erfinder bis zum Patentamt war ein langer, schwerfälliger Weg. Meist arbeitete zunächst der Erfinder selbst die Unterlagen für die Anmeldung aus; dann überarbeitete sie der Patentingenieur; dann ging die Ausarbeitung an die Verwaltungsstelle, die sie auf Formrichtigkeit prüfte und in die Bücher eintrug; von da ging sie an die Patentanwälte; von diesen erst an das Patentamt, oder, wenn sie für das Ausland bestimmt war, zuvor noch an den ausländischen Anwalt. Ähnlich ging es in allen Dingen.

Die Verantwortung war zersplittert; die Teilnahme jeder einzelnen Stelle war gering; jede folgende fühlte durch die vorhergehende ihre Hände gebunden, jede vorhergehende aber fühlte sich durch jede der nachfolgenden bis zu gewissem Grade von Verantwortung entlastet. Erfahrungen, die an einer Stelle gemacht wurden, kamen der anderen nicht zugute. Oft wurde Doppelarbeit gemacht; nicht selten arbeitete man geradezu gegeneinander. Die Fortentwicklung war gehemmt.

Nun entwickelte sich gerade Ende der neunziger Jahre die Industrie unerwartet stark. Die Arbeitsgebiete der Firma mehrten sich, die Betriebe spalteten sich, und auch die Anforderungen an das Patentwesen wuchsen in immer rascherem Anstieg. Es bestand die Gefahr, daß künftig immer neue voneinander mehr oder weniger unabhängige Arbeitsgruppen für das Patentwesen in der Firma entstanden, die dann jedesmal von neuem anzufangen hätten. Die Schwierigkeiten würden dann im Laufe der Zeit immer mehr wachsen, zumal das Patentwesen allmählich eine viel größere Bedeutung für die Industrie gewann, als man früher je vermutet hätte.

Man fing auch an zu erkennen, daß die Aufgaben des Patentwesens besonders schwierig und verwickelt seien; daß sie sich auf die Dauer nicht nach Art einer leichten, schriftstellerischen Tätigkeit behandeln lassen und vor allen Dingen keine Zersplitterung vertragen, sondern Arbeit erfordern, die in einem Guß gefertigt wird. So drängte alles zu einer neuen Lösung der Frage, und bald mußte sie kommen, da sonst leicht der rechte Zeitpunkt verpaßt werden könnte, und sich dann das Fehlen einer einheitlichen, entwicklungsfähigen, allen Forderungen gewachsenen, schlagfertigen Organisation bitter rächen müßte.

Da ich schon früher einmal mehrere Jahre bei der Firma tätig war und man wohl das Vertrauen zu mir hatte, daß ich die Aufgabe lösen könnte, hatte man mich berufen, um die Neugestaltung des ganzen Patentwesens der Firma in die Hand zu nehmen. Man hatte aber doch die Bedeutung der Aufgabe damals noch nicht klar erfaßt. Man hatte mich auch zunächst über die Verhältnisse gar nicht weiter unterrichtet. Als ich eintrat, um meine Tätigkeit zu beginnen, fand ich durchaus entmutigende, ja geradezu vernichtende Bedingungen vor.

Man setzte mir auseinander, daß es sich vielleicht um einen verlorenen Posten handle. Ich müsse mit starkem Widerstand aller Betriebe der Firma rechnen. Man sehe vorerst selber nicht, wie man dieser Schwierigkeiten Herr werden könne. Mit Gewalt lasse sich nichts machen. Irgendwelche Fingerzeige könne man mir auch nicht geben. Wenn überhaupt etwas an den bestehenden Verhältnissen geändert werden solle, müsse ich das „suaviter ac prudenter“ anfangen. Vorerst solle ich mich jedes unmittelbaren Verkehrs mit den Betrieben enthalten. Gleichsam um mir das zu erleichtern, hatte man mir abseits von allem Verkehr, außerhalb der Betriebe, in einer anderen Straße eine Mietwohnung als Arbeitstätte eingerichtet, in der man auch die Verwaltungsstelle nebst den Patentakten unterbrachte. Man empfahl mir, mich bis auf weiteres auf die Durchsicht dieser Patentakten zu beschränken.

Das war der Empfang, der mir zuteil wurde.

Es war nun keineswegs nach meinem Geschmack, mich auf ein vollkommen totes Geleise abschieben zu lassen. Da ich aber in den nächsten Wochen immer deutlicher sah, daß ich von keiner Seite auf Hilfe rechnen konnte, so blieb mir nur übrig, aus eigener Kraft einen Ausweg zu suchen. Das war nicht leicht, zumal ich an Händen und Füßen gefesselt und mir der Mund verbunden war.

Zunächst mußte ich Klarheit darüber gewinnen, worin die ganz ungewöhnlichen Schwierigkeiten begründet waren, die sich mir entgegentürmten. Meinem Eintritt waren offenbar schwere Kämpfe im Schoße der Firma vorausgegangen, die das Ansehen des ganzen Beginnens untergraben hatten. Die am nächsten von einer Neuordnung Betroffenen glaubten sich wohl in ihrer beruflichen Freiheit und ihrem Fortkommen gefährdet und wußten tausend Gründe gegen jede Änderung des Bestehenden anzuführen. Den Fernerstehenden aber fehlte zum Teil der Einblick in die Verhältnisse. Man sah nicht klar, worauf es ankam und ob und wie es überhaupt möglich wäre, eine bessere Organisation zu schaffen. Vorbilder dafür gab es noch nicht. Bestimmte Vorschläge, die vor meinem Eintritt erörtert worden waren, hatten sich als ganz undurchführbar erwiesen. So hatte sich überall eine geradezu feindselige Stimmung gegen den ganzen Plan entwickelt.

Die Absperrung, die man mir nun auferlegte, hatte aber doch ihr Gutes. Ich hatte Zeit, mir allmählich einen Überblick über die Lage zu verschaffen; über die gerade im Vordergrund stehenden Arbeitsgebiete und über die Bedürfnisse des Hauses auf dem Gebiet des gewerblichen Rechtsschutzes. Ich konnte in Ruhe Pläne machen und alles so vorbereiten, daß ich gerüstet wäre, wenn der geeignete Zeitpunkt für ein Vorgehen käme.

Einige allgemeine Grundsätze nahm ich mir für mein ganzes weiteres Vorgehen zur Richtschnur. Vor allem: nichts gewaltsam zu erstreben; insbesondere für meine Pläne nicht die Macht der Geschäftsleitung in Anspruch zu nehmen; keine endgültigen Pläne vorzulegen; auch für mich selbst das Ziel nur in großen Zügen, nur in seiner Hauptrichtung festzulegen, und dann aus eigener Kraft die weitere Entwicklung im Stillen zu beeinflussen; jeden Schritt, der vorwärts führen könnte, im gegebenen Zeitpunkt mit Vorsicht zu tun; so die ganze Organisation allmählich aufzubauen und sie derart beweglich und flüssig zu halten, daß sie sich jeden Augenblick allen Verhältnissen anpassen kann.

Der einzige Weg, der zum Ziele führen konnte, war der, an irgendeiner Stelle der Betriebe einmal das Vertrauen zu erringen und festen Fuß zu fassen, und sich dann durch Höchstleistungen allen unmittelbar Beteiligten zu empfehlen, um so allmählich immer weiter vorzudringen und die Organisation auszubauen.

Diesen Grundsätzen bin ich bis heute treu geblieben, und dem ist es zu danken, daß ohne Mitwirkung der Geschäftsleitung, ohne jeden „Ukas", wie Wilhelm v. Siemens sich gelegentlich scherzend ausdrückte, ganz aus eigener Kraft das Patentwesen des Siemens-Konzerns das geworden ist — ich will nicht sagen: „was es heute ist", denn wir sind durch den Krieg zurückgekommen, aber — was es vor dem Kriege war; und daß diese Organisation trotz der schweren noch unausgeheilten Kriegsschäden heute noch die Leistungsfähigkeit hat, die sie täglich beweist.

2. Die Hauptstufen der Entwicklung der Organisation.

Die heutige Leistung der Abteilung — Erster Versuch und Fehlschlag — Zweiter Versuch. Erfolg — Übernahme der Anwaltstätigkeit — Erneuter Widerstand — Allmählicher Ausbau — Prüfung der Lage durch Sachverständigenausschuß. Anerkennung — Heutiger Stand — Einfluß des Krieges.

Es werden heute[1]) von der Patentabteilung in Deutschland jährlich etwa 800 Patente, 600 Gebrauchsmuster und 10—20 Warenzeichen angemeldet, dazu kommen trotz der heutigen Schwierigkeiten etwa 700 Auslandsanmeldungen. Gegen 4000 noch schwebende Anmeldungen werden bearbeitet. Die Zahl der erteilten Schutzrechte, die noch bestehen und verwaltet werden, beträgt etwa 8000.

Diese Zahlen geben aber keineswegs ein Bild des ganzen Umfanges der Tätigkeit. Zunächst kommt dazu eine große Anzahl von Einsprüchen, Prozessen usw. ferner eine sehr umfangreiche Beratung der weitverzweigten Betriebe des Konzerns, Gutachten, Vertragsverhandlungen und ähnliches. Das gesamte Patentwesen des In- und Auslandes, soweit es den Konzern interessieren könnte, wird dauernd überwacht, ebenso das Schrifttum auf den patentrechtlich für uns im Vordergrund stehenden Gebieten, und viele Zehntausende von Auszügen aus Druckschriften und aus fremden Schutzrechten werden jährlich für die Betriebe hergestellt und den richtigen Stellen zugeleitet. Das alles wird selbst heute noch fast ohne jede fremde Hilfe durch den

[1]) 1921/22.

eigenen, wenn auch seit Jahren schwer verwundeten Organismus der Patentabteilung geleistet, mit den Einschränkungen, auf die wir am Schlusse dieses Abschnittes noch zurückkommen werden.

Nur durch zielbewußtes, zähes, jahrelanges Ringen und dauernde Wachsamkeit war unter den geschilderten, überaus schwierigen Verhältnissen dieser Erfolg erreichbar.

Weitaus am klarsten sah in der ganzen Angelegenheit Wilhelm v. Siemens. Aber auch er hatte, wie er mir später selbst sagte, nicht die Macht, gegen den einmütigen Widerstand aller Werke mit Umwälzungen durchzudringen. Ein paar Monate nach meinem Eintritt sprach ich mit ihm zum ersten Male über die Frage. Ich schlug zunächst einige, scheinbar ganz geringfügige Neuerungen vor, die den Zweck hatten, überhaupt mit den Werken in Fühlung zu kommen und mit einer schmiegsamen Einrichtung zu beginnen, die sich nach Bedarf nach allen Richtungen ausbauen ließe. Nach meinem Vorschlag sollte ein ständiger, führender Patentausschuß geschaffen werden, der unter dem Vorsitz von Wilhelm v. Siemens nach Bedarf zu tagen hätte, um alle wichtigen Fragen zu besprechen. Alle Werke sollten dazu Vertreter schicken. Von Zeit zu Zeit sollten die Werke dem Ausschuß über vorgeschriebene Fragen berichten, die darauf abzielten, die rechtliche und wirtschaftliche Lage der einzelnen Patente und die damit zusammenhängende Patentpolitik zu klären.

Wilhelm v. Siemens setzte das alles in einer Sitzung unter schweren Kämpfen durch. Der Beschluß war schließlich „einstimmig", weil alle anderen schwiegen.

Es kam nicht viel dabei heraus, da niemand willig mitging. Der Ausschuß hat nie fruchtbare Arbeit getan. Dagegen kamen bald versteckte und offene Angriffe, die der Sache viel mehr schadeten, als die durchgesetzten geringfügigen Neuerungen jemals nützen konnten. Es schien mir danach unzweckmäßig, künftig je wieder Anlaß zu einem Vorspannen des Ansehens und der Macht der Geschäftsleitung zu geben. Die Sache mußte anders angefaßt werden.

Wilhelm v. Siemens rief mich in der nächsten Zeit oft zu Aussprachen über technische und patentrechtliche Dinge. Den gesamten Bestand an Schutzrechten des Hauses sprachen wir damals eingehend durch, nach Inhalt und Bedeutung jedes einzelnen Rechts. Da ich die vergangene Zeit gut ausgenutzt und mich sorgfältig über alle Schutzrechte und ihre Entstehungsgeschichte unterrichtet hatte, so war ich seinen zahllosen eindringlichen Fragen gewachsen. Daraus mag er wohl weiteres Vertrauen zu mir gefaßt haben, und so half er mir eines Tages einen Schritt weiter, indem er mich persönlich mit Dr. Bolton, dem

Laboratoriumsleiter des Glühlampenwerks, und dann auch mit Viertel, dem technischen Leiter des Hauses Gebr. Siemens & Co., in Verbindung setzte. Er hatte jenen beiden kurz hintereinander die Weisung gegeben, sich von mir in gewissen patentrechtlichen Fragen Rat zu holen. Mit mir hatte er darüber zunächst noch gar nicht gesprochen. Die Sache kam mir also ganz unerwartet.

Nun aber war in den vorausgegangenen Wochen und Monaten infolge all jener oben erwähnten Vorgänge viel Gerede entstanden und das war Monate lang nicht verstummt, weil die ganze Lage unklar war. Die zunächst Beteiligten fühlten sich bedroht, und allgemein befürchtete man mindestens ungerechtfertigte Bevormundung statt Hilfe. Da fanden Gerüchte willige Ohren und nahmen von Mund zu Mund immer neue Formen an. So kam es, daß ich von Bolton sowohl als von Viertel durchaus feindselig empfangen wurde.

Besonders Viertel sprach seine Meinung über mich unverhohlen aus. „Wenn nicht Herr Wilhelm v. Siemens selbst es mir vorgeschrieben hätte, würde ich Sie nicht empfangen, denn ich habe über Sie und Ihre Pläne gerade genug gehört. Nun, es wird sich ja bald zeigen, was dabei herauskommt." — Er suchte dann durch hochgespannte Forderungen, die er mir stellte, sich meiner ein für allemal zu entledigen. Als wir aber zwei Tage und eine Nacht fast ohne Unterbrechung in seinem Laboratorium zusammen gearbeitet hatten, erkannte er willig an, daß ich als Sieger aus diesem Zweikampf hervorgegangen sei. Er sowohl als Bolton lehnten künftig jede andere außer meiner persönlichen Hilfe in Angelegenheiten des gewerblichen Rechtsschutzes ab.

So hatte ich wenigstens einen guten Anfang, und da ich diesen Herren auch weiterhin ganz anders zur Seite stand, als sie es früher gewohnt waren, so hielten sie mit meinem Lob auch anderen gegenüber nicht zurück. Das half mehr als alles andere mir die Bahn ebnen.

Als dann bei fortschreitender Sonderung und Teilung der Arbeitsgebiete sich hier und da vom alten Stamm ein neuer Betrieb abzweigte und für diesen die Frage der Behandlung der Patentangelegenheiten aufkam, war ich immer gleich zur Stelle, und es wurde mir nun verhältnismäßig leicht, jedesmal die Führung des Patentwesens in die Hand zu bekommen, ohne daß es irgendwelcher Hilfe der Geschäftsleitung bedurfte, und ohne daß mich jemand nach Berechtigung und Ausweis fragte; und wenn später gelegentlich einmal solch eine Frage aufkam, dann lag meine Rechtfertigung darin, daß alles gut ging und man mich nicht mehr entbehren konnte.

So übernahm ich allmählich außer dem Betriebe des Glühlampenwerkes und der Fabrik von Gebr. Siemens noch das Blockwerk, das Kabelwerk, die Abteilung für Beleuchtung und Kraft und das Kleinbauwerk.

Inzwischen hatte ich im Stillen auch die Organisation und die Hilfsmittel immer weiter ausgebaut, um auf alle Fälle gerüstet zu sein. Ich vermied aber wohl, mich irgendwo vorzudrängen, um keinen Widerstand hervorzurufen auf einer Stufe der Entwicklung, da ich noch fast ganz auf mich selbst angewiesen war. Der Geschäftsleitung gegenüber beschränkte ich mich auf gelegentliche kurze Berichte, die darauf berechnet waren, möglichst jeden vorzeitigen Eingriff zu verhüten.

Immerhin war man dort auf die Entwicklung der Dinge aufmerksam geworden, und so kam es, daß man mir 1902 die Frage stellte, ob ich mich stark genug fühle, außer alledem, was ich bisher auf mich genommen habe, noch unter eigener Verantwortung die sämtlichen Leistungen zu übernehmen, die bisher der außerhalb stehende Patentanwalt für die Firma erfüllt hatte. Ich bejahte dies ohne weiteres, unterwarf mich der Anwaltsprüfung, und man legte nunmehr die ganze Verantwortung für das Patentwesen nach innen und nach außen und die gesamte Tätigkeit, die bisher der Anwalt ausgeübt hatte, restlos in meine Hände. Man stellte mir damals auch anheim, den Verkehr mit den ausländischen Vertretern in ähnlicher Weise, wie es der Anwalt bisher getan, in meinem eigenen Namen als Anwalt des Hauses zu führen. Trotz der verlockenden Vorteile, die das für mich hätte haben können, lehnte ich es ab, um nicht in eine schiefe Stellung zu kommen, denn ich blieb ja gleichzeitig Angestellter und trug nach innen weitergehende Verantwortung, als es für einen Patentanwalt sonst der Fall zu sein pflegt. Das war Anfang 1903.

Um jene Zeit drängte man mich, ich solle nunmehr in einer Sitzung des Gesamtvorstandes meine weiteren Pläne entwickeln. Es wurde mir dabei angedeutet, daß man die Zeit für reif halte, um die von mir schon zum guten Teil durchgebildete Organisation einheitlich auf sämtliche Siemensbetriebe auszudehnen. Ich war zwar selbst keineswegs davon überzeugt, daß die Widerstände schon in genügendem Maße beseitigt seien, ließ mich aber dennoch breitschlagen, vor den Vorstand zu gehen, weil man die Frage schließlich *ohne* mein Zutun auf die Tagesordnung gesetzt hatte.

Ich holte mir einen Korb. Man erkannte an, daß ich mir ein ungewöhnlich hohes Ziel gesteckt habe und auf dem Wege dahin sehr Anerkennenswertes geleistet habe. Man meinte aber, solche Arbeit, wie ich sie persönlich übernommen habe, könne nicht von jedem Durchschnittstechniker, sondern nur von einem über das gewöhnliche Maß wesentlich hinausragenden Menschen geleistet werden. Um eine große Organisation zu schaffen, die dauernd sicher arbeiten solle, müsse man aber alles so ordnen, daß man lediglich mit Durchschnittsmenschen auskomme. Das halte man bei meinen Plänen für unmöglich. Wenn ich selbst einmal aus irgendwelchem Grunde ausscheiden sollte, so würde die ganze Organisation zusammenbrechen.

Ich hatte freilich von Anbeginn die Aufgabe wesentlich höher gestellt, als es sonst irgendwo üblich war, und es wunderte mich nach allem Vorausgegangenen nicht, daß man vorerst noch an der Durchführung zweifelte.

Ich ließ mich unter diesen Umständen auf keine weiteren Erörterungen ein und beschloß zunächst den handgreiflichen Nachweis zu bringen, daß tatsächlich eine stets sich selbst erneuernde, dauernd lebensfähige Organisation möglich ist, die das leistet, was ich behauptete, daß es geeignete Menschen in genügender Zahl gibt, und daß es nur darauf ankommt, sie zu entwickeln und für die Zusammenarbeit zu schulen.

So blieben also bis auf weiteres noch die drei Sondergruppen bestehen, die schon 1899 da waren. Sie dienten der unmittelbaren Beratung des Charlottenburger Werkes, des Wernerwerkes und der Bahnabteilung und bearbeiteten nach ihrer üblichen Weise die Patentangelegenheiten so weit, daß sie der Patentabteilung fertige Ausarbeitungen abliefern konnten. Die gesamte Verwaltung und die förmliche Vertretung nach außen hin aber lag auch für die von jenen drei Stellen behandelten Sachen vollständig in der Hand meiner Organisation; ebenso die Beschaffung von Auszügen fremder Schutzrechte und von sonstigem Schrifttum. Dagegen konnten die drei Sondergruppen bei der Auswahl und der Schulung ihrer Angestellten ganz ihre eigenen Wege gehen und hatten auch ihre eigenen Anschauungen über die Aufgaben und über die beste Arbeitsweise des Patentingenieurs, da sie ja der Patentabteilung nicht eingegliedert waren. Diesen Zwiespalt hoffte ich im Laufe der Zeit ganz beseitigen zu können, indem ich weiterhin die Entwicklungsfähigkeit und Brauchbarkeit der neuen Organisation erwies.

In das Jahr 1903 fiel noch die Gründung der Siemens-Schuckertwerke und damit ein neuer Zuwachs an Arbeitsgebieten. Vor allem kamen die Nürnberger Betriebe dazu. Ich konnte sie ohne jede Störung übernehmen. Ich trat dann auch in immer engere Fühlung mit der Patentgruppe der Bahnabteilung, und diese gab nach einigen Jahren freiwillig ihre Sonderstellung auf. Ich übernahm in diesen Jahren noch die Arbeiten für das Physikalisch-Chemische Laboratorium, das Autowerk, das Gummiwerk, das Dynamowerk, das Elektromotorenwerk, sogleich bei ihrer Gründung.

In einer großen Versammlung, die unter Vorsitz von Wilhelm v. Siemens stattfand und in der außer dem gesamten Vorstand aller Siemensbetriebe eine große Anzahl Sachverständiger aus den verschiedenen Werken zugegen waren, wurde im Jahre 1911 die Frage der restlosen Durchführung der neuen Einrichtungen von neuem eingehend beraten. Man erkannte nunmehr vorbehaltlos an, daß mir der vor 8 Jahren versprochene Beweis gelungen sei; daß ich eine brauchbare und entwicklungsfähige Organisation geschaffen habe, und daß es darum an der Zeit sei, sie für den ganzen Siemens-Konzern einheitlich durchzuführen, um so der immer wachsenden Bedeutung des Patentwesens gerecht zu werden und mit geringstem Kraftaufwand höchste Leistungen sicherzustellen. Der Beschluß war einstimmig — aber diesmal ohne jede Stimmenthaltung.

Das Charlottenburger Werk löste nun sofort sein Sonderbureau zugunsten der leistungsfähigeren Patentabteilung auf. Die Patentgruppe des Wernerwerkes aber blieb aus besonderen Gründen vorerst noch in der alten Weise weiter bestehen. Dabei ist es auch bis heute geblieben.

Allerdings sind wir weiter aufwärts gestiegen und nach außen hin ist auch die Einheit des Patentwesens des ganzen Siemens-Konzerns gewahrt, im Inneren aber ist der Zusammenschluß noch nicht ganz erreicht. Die Bearbeitung sämtlicher Angelegenheiten mit Ausnahme jenes einzigen Werkes liegt unmittelbar, für dieses eine Werk aber nur mittelbar in der Hand der Patentabteilung. Dieses Werk hat noch seine eigene Patentabteilung für die besonderen Bedürfnisse des Werkes. Sie arbeitet der Patentabteilung des Siemens-Konzerns in die Hand und liefert ihr im allgemeinen fertig ausgearbeitete Entwürfe. Sie nimmt andererseits für ihre Arbeit die Hilfsstellen der Patentabteilung des Siemens-Konzerns in Anspruch. Im übrigen ist sie organisatorisch ganz unabhängig von dieser Patentabteilung. Alles, was im Nachfolgenden über das Patentwesen des Siemens-Konzerns gesagt wird, gilt also zunächst nur mit der sich hieraus ergebenden Einschränkung.

Noch eine weitere Einschränkung muß gemacht werden. Manche der Einrichtungen, wie sie nachher geschildert werden, sind durch die Kriegsverhältnisse fast vernichtet worden. Fast die Hälfte der Angestellten ist aus dem reichgegliederten Organismus wahllos herausgerissen worden, und nur der kleinere Teil ist an seine alten Stellen zurückgekehrt. Der Wiederaufbau ist um so schwieriger, da inzwischen die Aufgaben weit über das frühere Maß hinausgewachsen sind, der Nachwuchs an Helfern sich aber bisher nur in ganz unzulänglichem Maße eingestellt hat, und insbesondere die Ausbildung jedes einzelnen Patentingenieurs regelmäßig viel Kraft und jahrelange Zeit erfordert. So herrscht hier seit vielen Jahren ein Notbetrieb. Ich werde besonders im 4. Kapitel auf die wichtigsten Schäden dieser Art an geeigneten Stellen kurz hinweisen. Das Grundsätzliche der Organisation, auf das es im Nachstehenden allein ankommt, wird durch diese Einschränkungen natürlich nicht berührt.

3. Wertschätzung der Organisation.

Unterschätzung. Ihre Ursachen — Die Selbständigkeit der Patentabteilung und ihre Folgen — Eine vermeintliche „Unkostenabteilung“.

Die eigenartigen Wege, auf denen sich die Patentabteilung aus eigener Kraft entwickelt hat; die Selbständigkeit, die sie sich gewahrt hat; das Streben, von anderen alles fernzuhalten, was uns den Kopf warm macht und nur die fertigen Ergebnisse der Arbeit sehen zu lassen; — das alles hat zur Folge gehabt, daß die Einrichtungen und Arbeitsweisen und die Anforderungen, die an die Patentabteilung gestellt werden, nur wenig bekannt sind und wenig gewürdigt werden. Dazu kommt dann noch, daß die Abteilung sich aus den S. 7 geschilderten, recht unvollkommenen Verhältnissen heraus entwickelt hat. Daß solche Verhältnisse früher ziemlich allgemein bestanden und auch heute noch viel zu finden sind, das hat im Verein mit dem vorhin Gesagten dazu Anlaß gegeben, daß selbst heute noch oft genug die Tätigkeit des Patentingenieurs von Fernerstehenden etwas geringschätzig angesehen wird.

Es herrscht insbesondere noch vielfach die früher nicht ganz unberechtigte und auch heute noch zuweilen zutreffende Meinung, es handle sich dabei hauptsächlich um eine federführende und verwaltende Tätigkeit. Aber selbst da, wo man sich darüber klar ist, daß hier bedeutende wirtschaftliche Werte geschaffen und in schwierigen Kämpfen gesichert und erhöht werden, findet man dennoch sehr oft nicht den rechten Standpunkt gegenüber dieser Art der Arbeit, weil sie sich so sehr von der Tätigkeit der bauenden, planenden, betriebführenden und forschenden Ingenieure unterscheidet, daß es dem Fernerstehenden schwer wird, das richtige Verständnis für alles zu finden, was hier geschieht.

In einem so weitverzweigten Verband wie dem Siemens-Konzern können sogar die einzelnen Betriebe, denen die Abteilung dauernd dient, deren Tätigkeit nicht leicht überschauen, da die Betriebe zahlreich sind und nur in lockerer Verbindung untereinander stehen, so daß keiner von ihnen einen Überblick über die Gesamttätigkeit der Abteilung bekommt. Da außerdem diese Abteilung organisatorisch von den einzelnen Betrieben getrennt ist, so sieht auch keiner von ihnen, wie die Arbeit zustande kommt und was dazu gehört.

Man ist gewöhnt, an die Patentabteilung stets die höchsten Anforderungen zu stellen und legt ihr ganz andere Verantwortlichkeit auf, als es sonst der Fall wäre. Das ist durchaus kein Nachteil, sondern im Gegenteil ein Ansporn. Wir haben deshalb auch immer alles willig auf uns genommen und im allgemeinen gar nicht erst den Versuch gemacht, für unsere Arbeit bei den Betrieben besseres Verständnis zu erwecken.

Wenn von uns zuweilen fast Unmögliches verlangt wird, weil wir „dafür einfach aufzukommen" haben, so erfordert das allerdings eine fast unbegrenzte Anpassungsfähigkeit der Organisation und höchsten Leistungswillen jedes einzelnen. Solche Einstellung zu suchen, hat uns die ganze vorhin geschilderte Entwicklung gezwungen. Diesen Geist dauernd zu erhalten, zwingt uns gerade die weitgehende organisatorische Unabhängigkeit der Patentabteilung von den einzelnen Werken.

Gerade diese Unabhängigkeit aber bringt uns in eine um so größere Abhängigkeit von dem Vertrauen, das man unserer Leistungsfähigkeit und Zuverlässigkeit entgegenbringt, und dieses Vertrauen müssen wir täglich von neuem erringen. Wo es nachhaltig erschüttert würde, da würde man bald über unsere Köpfe hinweg sich die Einrichtungen schaffen, die man für besser hielte, und kein Ukas würde uns dagegen schützen können. Die ganze Organisation der Patentabteilung ist daher darauf abgestellt, ihre Daseinsberechtigung immer von neuem nur dadurch zu erweisen, daß sie allen, auch den höchsten Anforderungen genügt.

An den Stellen, die den Vorteil davon genießen, wird dies unter den geschilderten Verhältnissen regelmäßig nicht besonders gewertet. Man wertet naturgemäß nur die wirklichen oder vermeintlichen Mängel der Abteilung. Um dabei an allen beteiligten Stellen auch nur den Eindruck eines einigermaßen reibungslosen Betriebes zu sichern, wird von jedem einzelnen Glied der Abteilung viel selbstlose Hingabe, viel Menschenkenntnis und viel Geschicklichkeit im Umgang gefordert.

Die gerechte Wertung wird erschwert durch die mindestens ungenaue Vorstellung, daß die Patentabteilung eine sogenannte Unkostenabteilung sei. Damit kommt der alte Gegensatz der gewinnbringenden und der Unkosten-Gruppen der Betriebe hinein, der leicht Vorstellungen mit anklingen läßt, die ungefähr darauf hinauslaufen, daß im Grunde genommen die Unkostengruppen kein Daseinsrecht haben; daß sie zwar als ein notwendiges Übel geduldet werden müssen, aber nach Möglichkeit zu beschränken seien, wie man jede Unkostenquelle als solche zu beschränken habe.

Für eine Patentabteilung des alten Stils, die sich nur als Handlanger der die Gewinne ausweisenden Abteilungen darstellt, kann dies auch zutreffen. Für eine den heutigen Anforderungen gemäß geleitete Patentabteilung eines Großbetriebes aber trifft es sicherlich nicht mehr zu, insofern diese Abteilung tatsächlich nicht nur ihr übergebene Werte verwaltet und schützt, sondern aus dem ihr anvertrauten Geistesgut in selbständiger, schöpferischer Tätigkeit wesentlich neue Werte hervorbringt, die einen gewissen Handelswert haben und, meist allerdings nur mittelbar, oft genug aber auch unmittelbar in Geldwert umgesetzt werden und den Reingewinn des Unternehmens wesentlich beeinflussen.

Freilich, wenn die Umsetzung in Geldwert nicht unmittelbar stattfindet, so ist es schwer, den Einfluß der Patentabteilung auf den Reingewinn des Betriebes abzuschätzen. Da dies aber die Regel ist, könnte die Patentabteilung schon aus diesem Grunde keine kaufmännische Gewinnrechnung liefern. Immerhin sind die abschätzbaren Werte, die die Patentabteilung des Siemens-Konzerns nachweisbar aus eigener Kraft und aus eigenem Geist geschaffen hat, so hoch, daß sie sich den Gewinnen an die Seite stellen lassen, die in den Abschlußrechnungen der „schaffenden" Werke erscheinen. Man darf also eine gutgeleitete Patentabteilung nicht ohne weiteres zu den reinen Unkostenabteilungen rechnen.

II. Berufsanalyse des Patentingenieurs.

1. Die Aufgaben des Patentingenieurs.

Allgemeine Kennzeichnung. Sonderbeispiel: Die Anmeldung von Patenten — Verhältnis zu den Gesamtinteressen des Betriebes — Wichtigkeit der Gestaltung des Patents — Abgrenzung gegen das Betriebsgeheimnis — Abgrenzung gegen das Bekannte — Weitere Fragen — Erzielung größter Tragweite — Rechtssicherheit — Einpassen in die Geschäftspolitik des Betriebes — Anpassen an die Politik der Wettbewerber der ganzen Welt — Die arbeitspsychologische Bedeutung dieses Aufgabenkreises.

Im Mittelpunkt der neuen Ordnung steht der Patentingenieur. Eine seiner Hauptaufgaben ist es, in selbständiger Arbeit aus dem technischen Gedankengut des Erfinders Rechtsgüter zu schaffen. Hierfür muß er mit dem Erfinder Fühlung suchen, muß im Verkehr mit ihm in dessen Gedankenwelt einzudringen verstehen, um dann selbsttätig schaffend das zu finden, was dem Betriebe nützt, dem er dient.

Was er so ersonnen hat, muß er im Verkehr mit den in- und ausländischen Behörden verwirklichen und vertreten. Alles was er tut, muß getragen sein von seiner Einsicht in die wirtschaftliche Bedeutung der Sache und in die Bedürfnisse seines Betriebes. Als Führer aber dient ihm seine Rechtskenntnis und seine Erfahrung, die ihm gestattet, bis zu gewissem Grade die mögliche Weiterentwicklung der Dinge und die etwa zu erwartenden Schwierigkeiten vorauszusehen.

Es handelt sich für den Patentingenieur keineswegs nur darum, neue Schutzrechte anzumelden oder sie zu verteidigen oder gegen andere geltend zu machen, oder fremde Schutzrechte zu bekämpfen; seine Aufgabe ist vielmehr auch, eine gute Patentpolitik einzuleiten und durchzuführen, die Betriebe dauernd zu beraten, verwickelte Rechtsfragen auf dem Gebiet des gewerblichen Rechtsschutzes zu begutachten, Vertragsverhandlungen zu führen und manches andere. Auf alle diese Aufgaben näher einzugehen würde zu weit führen. Um aber wenigstens die besondere Art und Mannigfaltigkeit der Fragen an einem Beispiel zu erläutern, sei einiges von dem angeführt, was er bei Patentanmeldungen zu beachten hat. Auf die Art, wie er im Verkehr mit den Erfindern und den Betrieben die den Rohstoff für seine Arbeit bildenden Gedanken aufnimmt, wie er daraus sein Werk gestaltet und wie er es im Kampf verwirklicht, darauf gehen wir hier zunächst nicht weiter ein. Nur einige rein sachliche Gesichtspunkte seien angeführt. Ich lehne mich dabei an das an, was ich in meinem Buch „Betriebserfindungen"[1]) darüber gesagt habe.

Bei der Behandlung der Patentangelegenheiten eines Betriebes, insbesondere bei der Ausarbeitung der Unterlagen für die Anmeldung von Patenten oder Gebrauchsmustern, dreht es sich nicht einfach darum, den Erfindungsgedanken irgendwie zu Papier zu bringen. Über diesen, den Kinderjahren des Patentwesens entsprechenden Standpunkt ist man heute fast überall weit hinaus. Die Patenttätigkeit eines Betriebes ist heute in allen ihren Fasern aufs engste mit den gesamten wirtschaftlichen, technischen und rechtlichen Verhältnissen des Betriebes verquickt und stellt hohe Anforderungen an die Leistungsfähigkeit derer, die sich damit befassen.

Es sollen Rechtsgüter geschaffen werden, und zwar auf Grund der sich im Betrieb entwickelnden technischen Ideen und auf Grund richtiger Einschätzung der ganzen rechtlichen, wirtschaftlichen und technischen Lage. Diese Rechtsgüter sollen allen Anforderungen der Lage nicht nur heute gerecht werden, sondern sollen auch künftig den sich im Laufe der Zeit ändernden Verhältnissen möglichst vollständig entsprechen und allen möglichen Angriffen standhalten. Eine Erfindung erhält ihren geschäftlichen Wert oft überhaupt erst durch die geschickte Gestaltung des Patentes und durch seine Handhabung.

Das Patent ist in erster Linie ein Verbietungsrecht. Bei seiner Gestaltung fragt es sich aber für den Betrieb nicht nur: Was müssen wir den anderen verbieten können, um den Erfolg unserer Arbeit sicherzustellen? Es ist vielmehr auch zu erwägen: Wie weit dürfen wir unsere Arbeitsergebnisse offenbaren? Welche Erfindungen oder welche besonderen, damit zusammenhängenden Gedankengänge müssen wir geheim halten?

Dann kommt die Frage: Was war schon vordem bekannt? Wie grenzen wir unsere Schutzansprüche gegen das Bekannte am besten ab, um gegen Angriffe sicher zu sein? — Die Aufgabe, die Angriffsfläche eines Schutzrechtes zu vermindern, setzt besondere Kampferfahrung voraus.

---

[1]) Berlin 1921; Carl Heymanns Verlag; S. 34 ff.

Eine andere wichtige Frage: In welchem Zeitpunkt ist am besten anzumelden?

Weiterhin: Wie ist die Erfindung darzustellen, damit sie nicht als eine selbstverständliche oder naheliegende Maßnahme erscheint, die nicht mehr schutzfähig wäre?

Dann: Welche Schlußfolgerung könnte ein Wettbewerber aus den Darlegungen der Anmeldung ziehen? Welche neue Erfindungsgedanken könnten bei ihm ausgelöst werden?

Das wiederum steht im Zusammenhang mit den Fragen: Wie erzielen wir größte Tragweite des Schutzes? Welche Lücken zeigt noch die Darstellung des Erfindungsgedankens? Wie werden diese Lücken am besten geschlossen? Wie könnte sich die Technik auf diesem Sondergebiet künftig weiterentwickeln und welche Rücksicht kann darauf bei der Abfassung des Schutzrechtes genommen werden?

Der Erfinder hängt in der Regel viel zu stark an seinen wirklichen Gestaltungen, die seine Vorstellung tagaus, tagein erfüllen. Es gehört auch eine besondere Schulung und Veranlagung dazu, um vom bestimmten Gegebenen sicher zum Allgemeineren aufzusteigen, ohne doch den festen Boden des technisch Möglichen und patentrechtlich Bedeutungsvollen zu verlieren.

Noch größere Schwierigkeiten vielleicht als alle die genannten ergeben sich aus der Notwendigkeit, die mögliche Weiterentwicklung der Dinge nach der Erteilung des Schutzrechtes zu berücksichtigen. Gewerbliche Schutzrechte sind ihrer Natur nach immer nur mehr oder weniger gefühlsmäßig abgrenzbar. Es sind keine ganz eindeutigen Rechte. Selbst wenn die Patentansprüche noch so scharf abgefaßt sind, gehen später die Meinungen darüber oft weit auseinander, ob eine bestimmte Anordnung noch unter den Schutz falle oder nicht. Es erwächst also eine doppelte Forderung, nämlich erstens, dafür zu sorgen, daß sowohl die eigenen, als auch die fremden Schutzrechte so eindeutig werden, wie nur irgend möglich, damit die nie ganz zu vermeidende Rechtsunsicherheit wenigstens auf das Mindestmaß beschränkt wird; zweitens aber erwächst die Aufgabe, die ganze Patentpolitik von vornherein auch auf die trotz alledem unvermeidlichen Rechtsstreitigkeiten einzustellen. Hiervon werden die Anmeldungen nicht nur ihrer Form nach, sondern vielfach auch inhaltlich wesentlich betroffen.

Alles, was der Patentingenieur durch solche Überlegungen ersonnen hat, muß er dann bei den Patentämtern der Welt durchzusetzen suchen. Da erwachsen ihm überall neue Schwierigkeiten.

Das bisher Angeführte erschöpft aber durchaus noch nicht die Fülle der auftauchenden Fragen. Wichtig sind meist die allgemeineren Fragen, die man zusammenfassend als patentpolitisch bezeichnen kann. Im Vordergrund steht hier von Anfang an eine Frage, die auch für die Gestaltung der Anmeldung bedeutungsvoll sein kann: In welcher Weise soll das Patent verwertet werden? Welche Rolle soll es spielen im Rahmen der gesamten geschäftlichen Anordnungen des Betriebes? Soll es zum Schutz der eigenen Fabrikation dienen oder zur Ergänzung und Sicherung anderer, schon angemeldeter Schutzrechte oder vielleicht nur dazu, der Entstehung fremder Schutzrechte vorzubeugen?

Die Patentpolitik hängt also nicht in erster Linie von dem eigenen Wert dieser oder jener Erfindung ab, sondern von der ganz anderen Frage: Welchen Wert kann ein so oder so geformtes Schutzrecht im Rahmen unserer Gesamttätigkeit haben? und: Wie muß unser Bestand an Schutzrechten ergänzt und ausgestaltet werden, um uns in jenem Rahmen Nutzen zu bringen? — Nur bei ganz großzügigen, grundlegenden Erfindungen kommt dem Patent auch ein Eigenwert zu.

Die Patentpolitik beschränkt sich ferner nicht auf Deutschland. Bei jeder einzelnen Erfindung muß man von vornherein den Blick auf alle Länder der Erde richten. Im Zusammenhang mit der Bearbeitung der eigenen Schutzrechte müssen dauernd alle technischen Regungen in der Welt überwacht werden, und es entsteht die Frage: Was könnten uns möglicherweise andere, seien es In- oder Ausländer, in Deutschland oder sonstwo, verbieten, wenn wir nicht schnell genug zur Stelle sind? — Nach welcher Richtung also müssen wir suchen, finden und Schutzrechte anmelden, um uns vor Schädigungen durch fremde Schutzrechte zu bewahren?

Zu den patentpolitischen Aufgaben gehört also nicht nur die Sicherung der technischen Gedanken, die im eigenen Betriebe auftauchen; diese Aufgaben sind vielmehr wesentlich mitbedingt durch die Erfindertätigkeit der Wettbewerber und deren Patentpolitik.

Alles eben angeführte bezieht sich nur auf die Anmeldung der Schutzrechte. Der Aufgabenkreis des Patentingenieurs ist aber viel größer. Wir haben ihn vorhin schon mit einigen Worten umrissen. Das Gesagte mag zeigen, in welchem Geist der Patentingenieur arbeiten soll. Bei unseren weiteren Betrachtungen wird sich manche Gelegenheit ergeben, weitere Einzelheiten über seine Tätigkeit mitzuteilen.

Die Aufgabe des Patentingenieurs ist sehr hoch gestellt und recht verwickelt. Es sind ihm oft außerordentliche Werte anvertraut, und es wird von ihm erwartet, daß er alles auf beste ordnet. Ob ihm das von Fall zu Fall gelungen ist, zeigt sich oft erst nach vielen Jahren. Er nimmt das Vertrauen des Betriebes für sich in Anspruch und hat zumeist das, was er tut, ganz allein zu verantworten und zu vertreten.

Geeignete Kräfte, die solchen Aufgaben gewachsen sind, gibt es nicht allzu viele. Von denen, die dafür veranlagt sind, bringt nur selten einer genügende Vorbildung mit. Von den Hochschulen ist in dieser Beziehung vorläufig nichts zu erwarten.

Da der Patentingenieur im Brennpunkt der Organisation einer Patentabteilung steht, so ergibt sich die ganze Organisation zum größten Teil aus dem, was zur Erzielung von Höchstleistungen des Patentingenieurs erforderlich ist. Sie gipfelt also darin, Menschen einer bestimmten Veranlagung heranzuziehen, auszubilden, zu selbständigen Leistungen sehr verwickelter Art zu erziehen; alle äußeren und inneren Hemmungen, die diesem Ziele im Wege stehen könnten, zu beseitigen; durch geschickten Zusammenschluß vieler und durch eine wohlgefügte Kette von Hilfsmitteln einen möglichst reibungslosen Betrieb und einen guten Erfolg zu sichern.

Wegen der schon darin angedeuteten großen Bedeutung der psychologischen Frage des „Patentingenieurs" müssen wir uns über die psychologische Eigenart seiner Leistung noch ausführlich Rechenschaft geben. Um so mehr ist das nötig, weil sie sich in vielfacher Hinsicht von der Tätigkeit unterscheidet, die sonst in gewerblichen Betrieben ausgeübt wird.

Was ich im Nachfolgenden über die Eigenschaften des Patentingenieurs sage, sind natürlich nur Forderungen, die in der Wirklichkeit niemals alle gleichzeitig und in gleich hohem Maße in einem Menschen erfüllt sein werden; aber der Patentingenieur muß von alledem wenigstens ein gutes Teil besitzen; und dann muß er entwicklungsfähig sein.

2. Die fachliche Sonderausbildung.

Technik und Naturwissenschaft — Recht — Wirtschaftliche Einsicht — Erfahrung — Sprachkenntnisse — Menschenkenntnis — Erfüllbarkeit dieser Forderungen.

Der Patentingenieur muß eine gründliche technische Ausbildung haben, und zwar nicht nur auf dem engeren Sondergebiet, auf dem er sich in erster Linie betätigen soll, sondern auf breiter Grundlage. Dazu muß er sich vor allen Dingen auch eine gute naturwissenschaftliche Vorbildung verschaffen, die ihn befähigt, die technologischen Zusammenhänge von einer höheren Warte aus zu überschauen, neuen technischen Gedanken rasch zu folgen und nicht an dem oft engen Gesichtskreis hängen zu bleiben, in dem ihm die neuen Gedanken zuerst dargeboten werden.

Bei der heutigen engen Verquickung und gegenseitigen Befruchtung von Wissenschaft und Technik ist ein Patentingenieur ohne tiefere naturwissenschaftliche Durchbildung kaum denkbar, denn sein Tätigkeitsfeld liegt vorzüglich da, wo aus einer glücklichen Verbindung von Wissenschaft und Technik Neues geboren wird. Dabei soll er Geburtshelferdienste tun und soll darüber hinaus die Geisteskinder in eine neue schöpferische Verbindung mit dem Recht bringen.

Um dies zu können, muß er sich aber auch mit den Grundgedanken des Rechts ganz vertraut gemacht haben. Besonders muß er auf dem Gebiet des gewerblichen Rechtsschutzes zu Hause sein; nicht nur dem des Inlandes, sondern auch des Auslandes.

Die Beschäftigung mit Rechtsfragen ist für ihn mehr noch als nur eine Rüstung für seine Arbeit; sie übt die Schärfe der Begriffsbildung und des sprachlichen Ausdruckes, und bringt es ganz von selbst mit sich, daß es dem Betreffenden zum Bewußtsein kommt, welche wirtschaftliche Bedeutung es haben kann, ob ein Begriff so oder so abgegrenzt und ein Wort so oder so gewählt wird. Solche Einsicht und Schärfung des Feingefühls wird ihn veranlassen, mancherlei sehr ernst zu nehmen, was dem Fernerstehenden, Ungeschulten oft genug nur als Wortklauberei und Schulfuchserei erscheint, in Wirklichkeit aber ein Ergebnis tiefer wirtschaftlicher Einsicht ist.

Wirtschaftliche Zusammenhänge richtig zu werten setzt im übrigen ebenfalls eine Sonderausbildung voraus, die der übliche Bildungsgang der Hochschule nicht ohne weiteres vermittelt.

All jene Kenntnisse auf dem Gebiet der Naturwissenschaft, der Technik, des Rechts und der Wirtschaft würden nun gar nichts nützen, wenn sie nur mit dem Gedächtnis aufgenommen wären, so wie sie die Hochschulen oder die Lehrbücher darbieten. Es gilt, sie zu einem lebendigen Ganzen ebenmäßig zu vereinen. Dazu gehört vor allem reiche eigene Erfahrung und viel Übung in der Anwendung und Verquickung aller jener Kenntnisse und Erfahrungen. Der tüchtige Patentingenieur, der hochwertige, feinfühlige Arbeit leisten soll, muß aus eigener, längerer Mitarbeit wenigstens irgendein Gebiet der Technik gründlich kennen; er muß auch mindestens auf dem Gebiet des gewerblichen Rechtsschutzes mit den verschiedensten Fragen in Berührung gekommen sein und die Zusammenhänge von Ursache und Wirkung auf diesem Gebiet kennengelernt haben, um sich selbst ein klares Urteil über die wahre Bedeutung und die Folgen dieser oder jener Maßnahme, die er treffen will, bilden zu können. Dann erst wird er auch eine tiefere Einsicht in die wirtschaftliche Lage und in die technisch oder rechtlich bedeutungsvollen Verhältnisse des besonderen Betriebes gewinnen können, dem er sich widmen will.

Nur nebenbei sei noch erwähnt, daß ein Patentingenieur auch gute Sprachkenntnisse besitzen soll. Er muß mindestens die französische und englische Sprache so weit beherrschen, daß er die technische und juristische Fachpresse, Patentschriften, Verträge in diesen Sprachen sicher verstehen kann.

Aber auch, wenn er es so durch Sammeln von Kenntnissen, durch Erfahrung und Übung zu einer ebenmäßigen Verquickung naturwissenschaftlicher, technischer, rechtlicher und wirtschaftlicher Ausbildung gebracht hat, muß er sich doch noch ein weiteres Wissens- und Erfahrungsgebiet erschließen: das ist die allgemeine Menschenkenntnis und die Fähigkeit, Menschen zu behandeln. Dafür geben die Hochschulen heute überhaupt noch keine Grundlagen, trotzdem es sich hier um Dinge handelt, die sich sehr wohl bis zu gewissem Grade wissenschaftlich behandeln und in praktischen Übungen entwickeln lassen. Freilich bringt auf diesem Gebiet, wie überall, die eigene Erfahrung erst die Vollendung. Aber solche Erfahrung wird schneller erworben und dringt viel tiefer, wenn der Geist durch Einsicht in die menschliche Eigenart, in die Zusammenhänge des seelischen Geschehens und durch wohlgeordnete Übermittlung der Erfahrung und der Überlegungen anderer vorbereitet ist.

Heute muß jeder wieder ganz aus eigener Kraft von vorn anfangen, und die große Kunst der Menschenbehandlung ist lediglich Sache einer durch gute Veranlagung und Beobachtungsgabe erleichterten eigenen Erfahrung und Übung, für die fast jeder hohes Lehrgeld zahlen muß! Welche Bedeutung gerade diese Kunst für den Patentingenieur hat, geht schon allein daraus hervor, daß seine Schöpfungen zum größten Teil nicht auf Grund der physikalischen oder chemischen Gesetze der Körperwelt abgerungen werden, sondern im geistigen Ringen mit anderen Menschen entstehen. Wir werden hierauf noch näher zurückkommen.

So sieht man wohl, daß die Entwicklung eines vorbildlichen Patentingenieurs auch nach dem Abschluß der Hochschulausbildung noch viele Jahre in Anspruch nehmen muß, und daß sie große Vielseitigkeit, eigenartige Veranlagung und viel Welt- und Lebenserfahrung fordert.

In Anbetracht so vielseitiger Forderungen könnte vielleicht jemand meinen, daß es überhaupt über menschliches Vermögen hinausgehe, alle solche Fähigkeiten in genügendem Maße in sich zu entwickeln, und er könnte versucht sein, vorzuschlagen, den eben kurz geschilderten „idealen" Patentingenieur durch mehrere zusammenwirkende Sonderfachleute zu ersetzen. Das wäre indessen ein verhängnisvoller Irrtum. Wenn aus mehreren, irgendwo angesponnenen Gedankenfäden ein einheitlicher, neuer Gedanke schöpferisch geboren werden soll, so müssen diese Fäden in einem einzigen Hirn zusammenlaufen. Wohl kann ein Mensch dem anderen helfen, ihn beraten und belehren. Was aber dabei nicht in den Geist des anderen lebendig übergeht, das ist diesem für die Geburt neuer, schöpferischer Gedanken verloren. Er muß die Gedanken sich ganz zu eigen machen. Zur Aufnahme und Verquickung der Gedanken eines Gebietes ist aber nur befähigt, wer auf diesem Gebiete genügend ausgebildet und erfahren ist. Es kann also von jenen vorhin in groben Zügen geschilderten Forderungen nichts nachgelassen werden.

Gingen diese Forderungen wirklich über durchschnittliches menschliches Vermögen so weit hinaus, daß es unmöglich wäre, eine genügend große Anzahl technisch gebildeter Leute zu finden, die diesen Forderungen genügen, dann wäre tatsächlich eine dem Ideal sich nähernde Patentabteilung im allgemeinen unmöglich und könnte höchstens als Glückszufall einmal verwirklicht werden, wenn die zur Bewältigung der Volleistung benötigte Anzahl von geeigneten weit über den Durchschnitt der Menschheit hinausragenden Köpfen sich zusammenfände. So ist es aber nicht. Die Anlagen, die gefordert werden, sind — wenn auch gradweise verschieden — bei genügend vielen Ingenieuren vorhanden, und es handelt sich nur darum, die Geeigneten herauszufinden und ihre Anlagen planmäßig zu entwickeln.

Wir wollen uns nun über diese allgemeinen geistigen Eigenschaften des vorbildlichen Patentingenieurs Rechenschaft geben.

3. Allgemeine geistige Eigenschaften.

Gründlichkeit — Aufnahmefähigkeit und Gestaltungskraft — Besondere psychologische Bedeutung dieser Fähigkeit — Die aufnehmende Tätigkeit — Die gestaltende Tätigkeit — Allgemeine Kennzeichnung — Konzentrationsfähigkeit — Wertung der Leistungen — Die Sprache als Werkzeug.

Wir sehen jetzt einmal von der fachlichen Ausbildung des Patentingenieurs ab und fassen nur die allgemeinen geistigen Eigenschaften ins Auge, die ihn erst befähigen, von seinem Wissen und Können den rechten Gebrauch zu machen. Es handelt sich dabei wesentlich um die ihm angeborenen Geistesanlagen und um das, was er daraus in sich zu entwickeln vermag.

Der Patentingenieur darf nicht oberflächlich sein. Es gibt viele Menschen, denen die Natur ein gutes Gedächtnis und einen weiten Gesichtskreis verliehen, die Tiefe jedoch versagt hat. Der Patentingenieur aber muß bei seiner vielseitigen Ausbildung zugleich den Drang und die Fähigkeit besitzen, den Dingen auf den Grund zu gehen, ohne sich in der Tiefe zu verlieren; er muß das Wesentliche rasch erfassen und die großen Zusammenhänge überschauen können.

Der Rohstoff, aus dem er seine eigenen Gebilde schafft, sind fremde Gedanken, die meist neu und eigenartig, oft auch recht verwickelt sind. Er muß daher geistig sehr aufnahmefähig und beweglich sein. Er muß die Gedanken des anderen nachdenken können, darf dabei aber seine eigene Selbständigkeit nicht verlieren, denn es wird von ihm verlangt, daß er den aufgenommenen Rohstoff mehr oder weniger schöpferisch gestalte.

Seine Gestaltungen sind im allgemeinen nicht unmittelbar sinnlich faßbar, wie die des technisch Schaffenden, sondern es sind gedankliche Leistungen, die nur wirksam werden, wenn sie sprachlich festgelegt und anderen übermittelt werden.

Der Patentingenieur tritt also bei seiner Arbeit in besonders enge Beziehungen zu anderen Menschen; im ersten Abschnitt seiner Arbeit ist das der Fall und im letzten Abschnitt: bei der Aufnahme der fremden Gedanken, die ihm als Rohstoff dienen, und bei der Verwirklichung seiner eigenen Neugestaltungen.

Es handelt sich für ihn um die Behandlung von Menschen unter besonderen Bedingungen; um eine besondere Art zweckdienlichen Tuns auf psychologischer Grundlage. Er muß daher vor allem Verständnis für das Seelenleben anderer haben, seien das nun die, aus denen er den Stoff für seine Arbeiten herauszuholen hat, oder seien es Vertragsgenossen oder Streitgegner oder unbefangene Richter, oder sei es schließlich die Allgemeinheit.

Um zum Ziele zu kommen, muß er starkes Eigenwesen mit zielbewußter anpassender Schmiegsamkeit vereinen. Er muß dem Gedankengang eines anderen rasch und sicher bis zum Ende zu folgen vermögen. Das wird oft gerade denen besonders schwer, die selbständig zu denken und zu beobachten gewohnt sind. Er muß sich aber auch seiner eigenen Gedanken sicher entäußern können und muß die große Kunst verstehen, in einem anderen planmäßig Vorstellungsreihen und Empfindungen zu erwecken, die jenen anderen gerade dahin führen, wohin er ihn haben will.

Es handelt sich also bei seiner Arbeit, wie wir schon in andrem Zusammenhang sahen, fast immer um sehr verwickelte Gruppen von psychologischen, naturwissenschaftlichen, technischen, wirtschaftlichen und rechtlichen Zusammenhängen. Zwar spielen solche Wechselbeziehungen in das Schaffen eines jeden Ingenieurs mit hinein, aber sie sind sonst auch nicht in annähernd gleichem Maße für den Erfolg ausschlaggebend, wie für den Patentingenieur, der ihnen allen gleichzeitig und vollauf gewachsen sein muß.

Wir wollen nun die besondere Eigenart der aufnehmenden und der gestaltenden Tätigkeit etwas näher ins Auge fassen.

Wie schon gesagt, entnimmt der Patentingenieur den Rohstoff für seine Gestaltungen unmittelbar aus der Gedankenwelt anderer. Er muß daher den Gedanken anderer rasch und sicher zu folgen vermögen. Dabei würde es ihm nichts nützen, nur die Worte in sich aufzunehmen. Er darf nicht an den Worten kleben, sondern muß imstande sein, rasch über diese hinaus in den vollen Gedankenkreis des anderen einzudringen.

Zunächst setzt das ein gutes Verständnis für die von dem anderen behandelte Aufgabe und für die Möglichkeiten ihrer Lösung voraus. Er muß aber auch imstande sein, etwaige Mängel oder Lücken in der Darstellung des anderen rasch herauszufinden und durch geschickte Fragen schnell darüber hinwegzuhelfen, ohne den Gedankengang des anderen unnötig zu stören. Er muß sich rechtzeitig versichern, ob er dauernd in voller Fühlung mit dem anderen ist, muß rasch zu dessen Grundgedanken vordringen und nun an diesen alles anzugliedern suchen, was ihm weiter geboten wird. Merkt er aber, daß er auf falsche Fährte gekommen ist, falsche Verbindungen geknüpft hat, oder daß ihm sonstige Irrtümer unterlaufen sind, dann muß er rasch umzuschalten verstehen.

Er darf nicht eigensinnig an einer vorgefaßten Meinung hängen bleiben. Sollte er sich durch eigene Behauptungen, die nicht mehr ganz haltbar sind, schon etwas festgelegt haben, so muß er sich darüber klar sein, daß er sich in den meisten Fällen die besondere Achtung des anderen dadurch erwirbt, daß er so rasch wie möglich von einem Abweg umzulenken versteht. Wenn er den Versuch macht, eine irrige Behauptung um eines Körnchens Wahrheit willen, das darin enthalten ist, eigensinnig weiter zu verteidigen, so wird er vielleicht schließlich teilweise recht behalten, aber in der Regel an allgemeiner Beliebtheit verlieren und die Achtung vor seiner Geschicklichkeit stark beeinträchtigen. Das kann ihm keineswegs gleichgültig sein, denn seine Erfolge hängen wesentlich von dem Vertrauen ab, das er sich zu erringen weiß.

Er muß Brücken zur Seele anderer zu schlagen wissen; er muß Vertrauen erwecken und rechtfertigen — nicht durch leere Worte, sondern durch die Tat, durch das erfolgreiche Zusammenarbeiten. Nur wer sein wahres Endziel dauernd vor Augen hat, nicht sein Ich vor die Sache stellt, sich immer bemüht, Wesentliches von Unwesentlichem zu scheiden, nur der wird auf die Dauer den Erfolg auf seiner Seite haben. Er wird auf Augenblicks- und Scheinerfolge verzichten. Er wird sich sagen, daß sie immer die Gefahr einer nachträglichen Enttäuschung der anderen einschließen und daß eine einzige solche Enttäuschung viel schwerer wiegt als viele Erfolge.

Wer sich bewußt ist, immer von neuem wieder etwas Tüchtiges leisten zu können, dem wird das meist auch leicht fallen, und die Achtung, die ihm ungesucht tropfenweise aus tausend Kanälchen zufließt, kann durch ein Mißgeschick, das ihm wie jedem einmal zustoßen kann, bei weitem nicht so leicht ausgetilgt werden, wie ein wenn auch noch so großes Ansehen, das sich auf vereinzelten Erfolgen aufbaut. Wer danach handelt, dem wird die Hochachtung, um die er sich nicht in vordringlicher Weise bemüht hat, im Laufe der Zeit ganz von selbst zufließen. In einem Betrieb, in dem man viele Jahre lang mit denselben Menschen eng zusammen zu arbeiten hat, vor allem aber für den Patentingenieur ist dies das einzige, einen dauernden Erfolg versprechende Verhalten.

Anders freilich können im Einzelfall die Dinge liegen, wenn ein besonderes Ziel erreicht werden soll; wenn es sich z. B. nicht darum handelt, in die Gedankenwelt anderer einzudringen oder im dauernden Zusammenarbeiten mit anderen einem gemeinsamen Ziel zuzustreben, sondern um einen Kampf, bei dem das wohlüberlegte, vorher scharf abgesteckte Endziel das ist, einer bestimmten Behauptung anderen gegenüber Geltung zu verschaffen. Hier kann es darauf ankommen, eine bestimmte Seite einer Sache grell zu beleuchten und alle möglichen Stützen einer Behauptung heranzuholen. Hier ist ein weites Feld für jene, die es lieben, eine Meinung durch dick und dünn zu verfechten und keinen Schritt zurückzuweichen. Das ist eine andere Seite der Tätigkeit des Patentingenieurs. Er muß sich je nach dem gesteckten Ziel geschickt den Anforderungen anzupassen verstehen.

Mit der Verarbeitung dessen, was der Patentingenieur von anderen als geistiges Rohmaterial für sein Werk übernimmt, wird er in der Regel schon beginnen, sobald er die rechte Fühlung mit dem anderen gewonnen hat. Es möge sich um die Besprechung mit einem Erfinder handeln. Je früher er sich dabei Rechenschaft gibt, worin das Wesentliche der Erfindung liegen mag, je früher er beispielsweise versucht, einen Patentanspruch wenigstens in groben Zügen zu umreißen, desto leichter wird es ihm, alle Fragen rechtzeitig zu stellen und das Gespräch in die rechten Bahnen zu lenken. Verfährt er anders, so kann es vorkommen, daß er mit einer Fülle von Einzelheiten beladen nach Hause geht, und wenn er dann mit der Arbeit beginnen will, wird es ihm schwer, den rechten Faden zu finden. Es drängen sich ihm jetzt viele Fragen auf, die er zu stellen vergessen hat.

Freilich gehört zur richtigen Führung solcher Sachen außer schnellem Erfassen und guten Kenntnissen ein durch Erfahrung geschärftes Feingefühl für das, was an einer Sache patentrechtlich oder wirtschaftlich wesentlich sein könnte und was als weniger wesentlich in den Hintergrund treten darf. Es gehört dazu ferner die Fähigkeit, begriffliche Unterschiede und technologisch oder rechtlich bedeutsame Verallgemeinerungen zu finden. Alles das erfordert gute Veranlagung, langjährige Schulung und vor allem Einsicht in die allgemeinen Zusammenhänge und in das, was den Betrieb auf seinem Sondergebiet fördern kann.

Um erfolgreich in diesem Sinne arbeiten zu können, muß der Patentingenieur mehr, als es sonst im allgemeinen erwartet wird, fähig sein, sich geistig zu konzentrieren, und zwar genügt es nicht, daß er sich vorübergehend diese hohe Konzentration abringt; er muß sie dauernd aufbringen können.

Diese Fähigkeit zu dauernder, starker geistiger Anspannung ist für ihn schon darum unerläßlich, weil er nicht nur nach Güte, sondern auch nach Menge Hervorragendes leisten muß. Wir werden auf die Frage des hochkonzentrierten Arbeitens noch besonders zurückkommen, da sie entscheidend ist für die Brauchbarkeit des Patentingenieurs in einem Großbetrieb.

Um den rechten Maßstab für die Beurteilung der Leistung des Patentingenieurs zu finden, muß man sich wieder vergegenwärtigen, was wir schon oben einmal hervorhoben: daß die Schöpfung des Patentingenieurs sich nicht verkörpern läßt wie die des bauenden Ingenieurs. Sie ist rein geistiger Art. Sie ist aber nicht um ihrer selbst willen da, wie die des Schriftstellers, der nach Ewigkeitswerten strebt; sie dient vielmehr einem ganz bestimmten Zweck und ist danach zu werten, wie weit dieser erreicht wird. Sie liegt nicht im Bereich des rein persönlichen Wertens, wie etwa das Schöne und Edle, sondern es geht letzten Endes um Geld und Gut, und jeder Fehlgriff rächt sich

Für den Patentingenieur kommt es darauf an, zur rechten Zeit in dem Geist bestimmter Personen gewisse Wirkungen hervorzurufen, um jene Personen nach einem klaren Plan zu lenken. Mag es sich nun darum handeln, für den eigenen Betrieb Schutzrechte auszuarbeiten und zu erkämpfen, oder darum, solche Rechte gegen andere geltend zu machen, oder eigene oder fremde Rechte zu prüfen und zu begutachten, oder solche Rechte anzugreifen oder gegen Angriffe zu verteidigen, oder Verträge zu entwerfen, abzuschließen, zu prüfen oder was es sonst sein möge; — immer gilt es, andere nach dem eigenen Plan und Willen zu leiten, seine eigenen Gedanken nach einem bestimmten Plan in anderen lebendig werden zu lassen. Nach jenem Plan, nach der Angemessenheit der Mittel zu seiner Durchführung und schließlich nach dem Erfolg ist die Leistung allein zu beurteilen.

Unerläßliche Voraussetzung für ein richtiges Planen und Vorgehen in diesem Sinn ist gründliche Menschenkenntnis und sicheres Vorausberechnen der Wirkung des eigenen Vorgehens auf ganz bestimmte Menschen unter gegebenen Verhältnissen. Außerdem gehört dazu natürlich gründliche Sachkenntnis, Begriffschärfe, reiche Erfahrung und Besonnenheit.

Das fast ausschließliche Werkzeug, das dem Patentingenieur für sein Vorgehen zur Verfügung steht, ist die Sprache; das gesprochene oder geschriebene Wort. Für ihn hat also die Sprache eine ganz besondere Bedeutung. Er muß sie zu handhaben verstehen und muß sie pflegen, wie ein Künstler sein Werkzeug pflegt.

Aber nicht auf schulmäßige Richtigkeit kommt es dabei an; auch nicht auf künstlerische Wirkung, nicht auf schöne Worte und ebenmäßige Sätze; — es sei denn, daß alles dies im besonderen Fall den Endzweck zu fördern imstande ist. Seine Rede ist lediglich unter dem einen Gesichtspunkt zu gestalten, daß sie zielbewußt in den Geist anderer eindringe, ihnen Vorstellungsreihen übermittle, mit psychologischem Feingefühl sie in bestimmte Bahnen lenke und durch folgerichtige, lückenlose Entwicklung dem Leser oder Hörer über gewisse Zusammenhänge Klarheit und bestimmte Überzeugungen vermittle.

Es kommt darauf an, ein bestimmtes Vorstellungsfeld im Geist eines anderen möglichst zur Alleinherrschaft zu bringen, den anderen in diesem Felde sicher und stetig weiter zu führen, störende Sprünge zu vermeiden, damit der andere nicht die Fühlung verliere und nicht hierdurch oder durch unpassend gewählte Worte und Bilder auf Irrwege komme. Dazu gehört viel psychologisches und sprachliches Feingefühl. Nicht darauf kommt es an, daß der Redende selbst die Zusammenhänge klar überschaut und von diesem seinem eigenen Geisteszustand dem anderen irgendwie Kunde gibt, sondern darauf, daß er in dem anderen selbst jene Klarheit und Sicherheit erweckt. Alles dessen muß er sich dauernd bewußt bleiben. Es ist eine Grundaufgabe seines Berufes.

4. Sittliche Eigenschaften.

Schmiegsamkeit und Festigkeit — Selbstbewußtsein und selbstlose Treue — Zielbewußtsein und Zähigkeit — Ideal und Wirklichkeit.

Aus allem Gesagten ergibt sich schon, daß der Patentingenieur auch eine Reihe sittlicher Eigenschaften in besonders hohem Maße besitzen muß.

Er muß sich feinfühlig den Verhältnissen und den Menschen anpassen können und muß trotzdem sehr selbständig sein im Urteilen und im Handeln.

Er ist viel auf sich selbst angewiesen, besonders in den auswärtigen Arbeitsstellen der Patentabteilung. Da muß er frei, sicher und selbständig wirken und schaffen. Er muß sich aber dennoch stets als Glied des Ganzen fühlen und darf auch bei längerer Loslösung von den anderen Gruppen der Abteilung nie nachlassen, in dem hier geschilderten Geiste zu wirken.

Sein Verantwortlichkeitsgefühl muß stark entwickelt sein, und er muß zäh und ausdauernd im Verfolgen eines Zieles sein, muß es aber trotzdem verstehen, zur rechten Zeit seine Mittel und Wege zu ändern, wenn sie dem Endziel nicht mehr genügend angepaßt sind; oder dieses

Ziel anders zu stecken oder ganz aufzugeben, wenn die Verhältnisse sich ändern.

Er muß starkes Selbstbewußtsein haben, das ihn über Schwierigkeiten und persönliche Widerwärtigkeiten hinweghebt, und muß sich trotzdem beständig vor Augen halten, daß seine Leistung regelmäßig die Leistungen anderer (Erfinder usw.) zur Voraussetzung hat, und daß er jenen anderen nicht im Lichte stehen, sondern sie ins Licht führen soll. Er muß selbstlos genug sein, um niemals seine eigenen Leistungen denen in den Weg zu stellen, die sich ihm anvertrauen.

Der Patentingenieur kommt überall in die Betriebe. Man vertraut ihm sein ganzes Geistesgut an, macht ihn bekannt mit den Mängeln, die im Betriebe auftreten, und mit den Möglichkeiten, sie zu beseitigen. Er ist wegen der Vielseitigkeit dessen, was ihm zuströmt, oft leicht in der Lage, hier oder da einen Wink zu geben, Gedanken anderer zu verallgemeinern und zu ergänzen oder eigene Gedanken mit denen anderer zu verquicken. Was er auf solche Art findet, gehört regelmäßig zum Geistesgut des anderen, oder es ist doch nur das einfache Ergebnis seiner eigenen beruflichen Tätigkeit. Dessen muß er sich immer bewußt sein.

Die ihm berufsmäßig zufallende Aufgabe, zu den bestimmten Gestaltungen des Erfinders die technologisch bedeutungsvollen begrifflichen Verallgemeinerungen zu suchen, führt ihn ja ganz von selbst auf Nebenwege und Gleichwerte, und er darf nicht der Versuchung anheimfallen, sich hierbei als Miterfinder zu fühlen. Man würde sonst bald das Vertrauen zu ihm verlieren, und dann wäre all sein Mühen umsonst. Dies Vertrauen könnte auch z. B. dadurch gefährdet werden, daß er die ihm anvertrauten Gedanken im Betrieb weiterträgt oder anwendet, ohne der Zustimmung der Urheber gewiß zu sein.

Ich erwähnte vorhin schon, daß der Patentingenieur nötigenfalls zähe im Verfolgen seiner Ziele sein müsse. Zielbewußtsein und Zähigkeit ist etwas, das in jedem Beruf und in allen Lebenslagen von Nutzen sein kann. Wer sein Ziel klar im Auge behält, wird es am ehesten und vollkommensten erreichen. Wer vorzeitig die Flinte ins Korn wirft, hat sicher verspielt; wer nicht locker läßt, der findet oft noch die entscheidende Wendung für eine Sache, für die er längst keine Rettung mehr sah.

Für den Patentingenieur aber hat das eine ganz besondere Bedeutung. An ihn treten besonders häufig Aufgaben heran, die sich nur durch unentwegtes zähes, oft jahrelanges Mühen lösen lassen. An ihn wendet man sich oft in besonders schwierigen Lagen und erhofft von ihm Rat und Tat. Zu einem Berater und Helfer, der sich zu lange besinnt, zu viel Bedenken voranstellt, zu leicht entmutigt wird, hätte bald niemand mehr Vertrauen.

Zähe Zielstrebigkeit vermag das Glück zu fesseln. Sie ist in ihren Endwirkungen oft der Genialität gleichwertig. Sie ist auch wesentlich mit beteiligt an jener geistigen Einstellung, die für die Bewältigung verwickelter Aufgaben, wie sie regelmäßig an den Patentingenieur herantreten, den größten Erfolg verspricht. Über diesen letzten Punkt werden wir im nächsten Kapitel noch ausführlich sprechen.

Der Inbegriff der Eigenschaften des vollkommenen Patentingenieurs, wie ich sie hier geschildert habe, ist nur das Urbild, das nie voll verwirklicht sein kann. Über die menschliche Unvollkommenheit wird man nie hinwegkommen, und wenn man zuviel verlangte, würde man bald die Erfahrung machen, daß man überhaupt keine Mitarbeiter fände. Aber die höchste erreichbare Annäherung an jenes Urbild muß erstrebt werden. Im einzelnen handelt es sich durchweg um Eigenschaften, die auch in anderen Berufen in mehr oder weniger hohem Maße gefordert werden oder doch als besonders nützlich willkommen sind. Aber für den Patentingenieur sind sie alle in gleich hohem Grade und in ihrer Verbindung miteinander vonnöten derart, daß ein Mangel daran, der anderwärts noch nicht empfunden würde, den Patentingenieur schon unbrauchbar oder doch minderwertig machen würde.

Es sind also ungewöhnlich hohe Forderungen, die hier gestellt werden. Ich möchte dazu ein Wort anführen, das der österreichische Handelsminister in der Sitzung des Abgeordnetenhauses vom 3. Mai 1905 aussprach:

> „Ganz ohne Einschränkung schließe ich mich hier einem berühmten juristischen, also gewiß unbefangenen Kenner an, der sagt, daß die Leistungen des Patenttechnikers zu den höchststehenden und schwierigsten gehören, die dem menschlichen Geiste und Charakter zugemutet werden können[1]."

Aber nochmals sei es gesagt: Die verlangten Eigenschaften finden sich bei einer genügend großen Anzahl von Menschen entweder im Keim oder in mehr oder weniger guter Entfaltung, und die Erfahrung hat gezeigt, daß es immer möglich ist, solche geeignete Menschen herauszufinden, so daß bei geschickter Führung des Betriebes kein Mangel sein wird, wenn nicht so ungewöhnliche Verhältnisse herrschen, wie seit Kriegsausbruch.

[1]) Österr. Patentblatt 1905, S. 390.

III. Zur Psychologie der hochkonzentrierten geistigen Arbeit.

Die einfachsten Vorgänge geistiger Arbeit sind schon viel untersucht worden, und man hat dadurch Grundlagen geschaffen, die auch für die Zergliederung und das Verständnis der verwickelteren Vorgänge wertvoll werden können. Man geht bei solchen Untersuchungen z. B. so vor, daß man ganz einfache Arbeiten hintereinander in ähnlicher Form wiederholen läßt und die in bestimmten Zeiträumen geleistete Menge solcher Arbeit feststellt. Man ermittelt die Anzahl von einstelligen Zahlen, die in gegebener Zeit zusammengezählt werden, oder die Anzahl von Worten, die auswendig gelernt, die Anzahl von gleichartigen oder irgendwie zusammengehörigen Dingen, die aus einer Menge anderer herausgefunden, die Anzahl und Art der Begriffe, die zu einem vorher gegebenen gefunden werden und vieles andere. Man ermittelt solche Werte in regelmäßigen Abständen und bekommt Kurven, die zeigen, wie die Leistung von der Zeit abhängt. Den Einfluß, den die wachsende Übung auf den Verlauf der Arbeitskurve hat, sondert man von dem der fortschreitenden Ermüdung. Man findet gewisse grundlegende, immer wiederkehrende Gesetzmäßigkeiten, z. B. ein eigenartiges, in seinem feineren Verlauf von der persönlichen Anlage abhängiges Auf und Ab der Leistung.

Durch alles dies kommt man aber zunächst den Vorgängen der höheren geistigen Arbeit noch nicht viel näher. Man kann sogar davon weiter abkommen[1]).

Die feineren Zusammenhänge verwickelterer Geistesarbeit wird man nur ganz allmählich klarstellen können. Lange eigene innere Erfahrung

[1]) Beobachtungen bei einfachen, sich oft hintereinander wiederholenden kurzen Arbeiten, wie Zusammenzählen von Zahlen, haben z. B. früher das merkwürdige Ergebnis vorgetäuscht, daß die Ermüdung mit der Übung der Versuchsperson in weiten Grenzen gleichen Schritt halte. Sobald man zu höheren, verwickelteren geistigen Leistungen übergeht, zeigt sich ein ganz anderes Verhältnis. Durch einfache Versuche kann man auch die Quelle jener Täuschung aufdecken: die einfachen Arbeiten, wie das Zusammenzählen von Zahlen, sind schon von vornherein bei fast allen Menschen so tief „eingeschliffen“, daß sie keiner wesentlichen Verbesserung durch „Übung“ mehr fähig sind und sich am besten vollziehen, wenn man die oberbewußte Einstellung auf die Tätigkeit des Zusammenzählens, die Selbstkontrolle, unterdrückt und mehr instinktmäßig und mechanisch beim Anblick jeder folgenden Zahl die neue Summe vor sich hinspricht. Das kann man bewußt herbeiführen, und es geht; meist wider Erwarten der Betreffenden selbst. Die Annäherung an diesen Zustand des rein mechanischen „unterbewußten“ Rechnens wird aber gerade durch die Ermüdung begünstigt, die durch die Eintönigkeit dieser Arbeit besonders leicht hervorgerufen wird, so daß höhere Übung bei Ermüdung vorgetäuscht werden kann. Vorausgesetzt ist natürlich, daß es sich nicht um krankhafte Ermüdung handelt, die körperliche Beschwerden hervorruft und zerstreuend wirkt.

wird die ersten Fingerzeige geben; weiterhelfen muß dann umfangreiche Beobachtung der irgend erfaßbaren Vorgänge bei der Arbeit einer möglichst großen Zahl von Geistesarbeitern, die unter ähnlichen Bedingungen schaffen und Aufgaben behandeln, die sich in ähnlicher Weise oftmals wiederholen.

Das Patentwesen eines Großbetriebes bietet ein verhältnismäßig günstiges Beobachtungsfeld hierfür. Ich will im Nachstehenden kurz darlegen, was mir von den bisherigen Erfahrungen und den darauf gegründeten Anschauungen für den Zweck der vorliegenden Arbeit das Bemerkenswerteste scheint.

1. Die Konzentration.

Organisatorische und individuelle Konzentration — Begriffliche Feststellung — Wirtschaftliche Bedeutung der Klarstellung — Wertung der Konzentration: a) Der Grad (S. 35) — Schwellenwert — Vergleiche — Geistiger Leerlauf — Praktische Bedeutung des Grades — Zusammenhang von Güte und Menge. b) Dauer der Konzentration (S. 37) — Physiologische Ausgleichsvorgänge — Praktische Bedeutung — Umschaltfähigkeit — Praktische Bedeutung. c) Das Feld der Konzentration (S. 39) — Blickfeld und beherrschtes Feld — Beispiel — Praktische Bedeutung.

Ein Hauptübel der alten zu Beginn des ersten Kapitels geschilderten Organisation war die Zersplitterung der Arbeit und der Verantwortung. Ein Grundgedanke der neuen Organisation ist dagegen höchste Konzentration der Arbeit und der Verantwortung. Dabei haben wir „Konzentration" in zweifachem Sinn zu verstehen: als straffes Zusammenfassen aller Beteiligten zu gemeinsamer Arbeit (organisatorische Konzentration) und als Sammeln der höchsten Kraft jedes einzelnen in dem ihm zufallenden Gebiet dieser Arbeit.

Die wirtschaftliche Bedeutung dieses Grundgedankens ist leicht zu ermessen. Die Leistung steigt nicht nur im einfachen, geraden Verhältnis zur Konzentration, sondern geht innerhalb gewisser Grenzen mit wachsender Konzentration in sich beschleunigendem Anstieg in die Höhe. Das gilt nicht nur für die Menge, sondern auch für die Güte der Leistung. Die Gründe werden wir noch kennen lernen.

Die organisatorische Konzentration wird uns im vierten Kapitel beschäftigen. Hier beschäftigt uns die Arbeitskonzentration des einzelnen.

Was man unter „Konzentration" der geistigen Arbeit des einzelnen zu verstehen hat, läßt sich mit wenigen Worten schwer sagen. Es sind verwickelte Vorgänge, die man nach ihrem seelischen Verlauf und nach ihren leiblichen Begleiterscheinungen verfolgen muß. Sie haben letzten Endes die Wirkung, daß ein Vorstellungsgebiet gleichmäßig klar erfaßt, für eine gewisse Dauer zäh und sicher festgehalten und hierdurch der geistigen Arbeit zugängig gemacht wird. Durch die Konzentration werden innere Widerstände überwunden, Abschweifen der Gedanken wird vermieden, von außen eindringende Störungen werden ferngehalten; dadurch wird es möglich, sich in ein Gebiet zu vertiefen, einen klaren Überblick über alle Einzelheiten eines verwickelten Ganzen zu gewinnen, wechselseitige Zusammenhänge der einzelnen Glieder dieses Ganzen aufzudecken, Wichtiges von Unwichtigem zu scheiden, Gedankenreihen nach bestimmter Richtung fortzuentwickeln.

Die Fähigkeit zu Dauerleistungen der Art, wie wir sie hier im Auge haben, ist nun aber sehr ungleichmäßig unter den Menschen verteilt. Wenn es sich um Arbeiten handelt, die hohe Konzentration erfordern, ist der Unterschied der Leistungsmenge verschiedener Menschen unter sonst gleichen Bedingungen, aber auch eines und desselben Menschen zu verschiedenen Zeiten ganz auffallend groß. Die Güte geht meist mit der Menge Hand in Hand. Die Fähigkeit zur hohen Konzentration hat etwas Unberechenbares. Sie ist von vielerlei abhängig, das man oft nicht genug beachtet. Will man sie aber gewissermaßen betriebsmäßig beherrschen, die Entwicklung der Fähigkeit des einzelnen Arbeiters beeinflussen und jedem die günstigsten Vorbedingungen für seine Arbeit schaffen, so muß man versuchen, die Zusammenhänge klarzustellen und sich über die vorhandenen Möglichkeiten Rechenschaft zu geben.

Die Konzentration ist zu werten nach ihrem Grad, nach ihrer Dauer und nach ihrem Feld.

a) Der Grad.

Von dem Grade der Konzentration hängt unter sonst gleichen Verhältnissen das Arbeitsergebnis in eigenartiger Weise ab. Zwar ist es schwer, einen auch nur einigermaßen brauchbaren willkürfreien Maßstab für den Grad der Konzentration und für das Arbeitsergebnis zu finden; aber man kann mittelbare Schätzungen auf verschiedene Art machen, und dann lassen sich gewisse Hauptzüge des Zusammenhanges zwischen Konzentrationsgrad und Arbeitswert ohne viel Schwierigkeiten verfolgen, wenigstens ihrer Art nach.

Zunächst läßt sich folgendes sagen. Bleibt die Konzentration unterhalb eines gewissen Wertes, so führt sie überhaupt zu keinem Erfolg. Steigt sie über diesen Wert, so steigt die Leistung nach Menge und Güte zunächst sehr viel rascher an als der Konzentrationsgrad ansteigt. Bei weiterem Steigen kann sich dies Verhältnis umkehren.

Den Konzentrationsgrad, unterhalb dessen eine brauchbare Leistung nicht mehr zustande kommt, könnte man kurz den „Schwellenwert“ nennen. Er ist ein Seitenstück zu dem Schwellenwert des Nervenreizes unserer Sinnesnerven, nur sind die Verhältnisse in unserem Falle viel verwickelter. Sie lassen sich aber veranschaulichen. Man findet leicht auf anderen, ganz anschaulichen Gebieten Gegenstücke zu dem Schwellengesetz der Konzentration.

Halte ich z. B. in der freien, ausgestreckten Hand ein Gewicht, so verbraucht hierzu mein Armmuskel erhebliche Mengen von Energie. Nach wenigen Minuten ist die verfügbare Muskelenergie meines Armes erschöpft. Die Nutzleistung meines Armes in bezug auf das Gewicht aber ist gleich Null. Erhöhe ich nun in einem zweiten Versuch von Anfang an die Leistung meines Armmuskels auch nur um einen ganz geringen Betrag, so kann es mir damit gelingen, das Gewicht zu heben. Der Schwellenwert ist überschritten, und ich leiste nun mechanische Arbeit an dem Gewicht.

Bewegt sich ein Schiff der Strömung entgegen und hat es gerade dieselbe Geschwindigkeit wie der Strom, so steht es zum Ufergelände still. Seine Maschinenarbeit ist für die Fortbewegung nutzlos. Seine Ankerkette allein würde dieselbe Nutzwirkung, nämlich das Verharren entgegen der Strömung ergeben. Steigert das Schiff aber seine Maschinenleistung auch nur ein wenig über diesen „Schwellenwert“, so kommt es von der Stelle. Eine weitere Steigerung seiner Maschinenleistung um wenige Hundertstel ergibt jetzt zunächst eine verhältnismäßig sehr bedeutende Steigerung seiner Nutzleistung. Wenn man weiter steigert, kommt man zu einem Bestwert.

Ein anderes Beispiel ähnlichen Verhaltens bietet eine Maschine, der gerade nur so viel Energie zugeführt wird, als zur Überwindung ihrer eigenen inneren Widerstände nötig ist. Sie läuft zwar, vermag aber keinerlei Nutzarbeit zu leisten. Sie läuft leer.

Unzulängliche Konzentration führt nur zu „geistiger Leerlaufarbeit“. Auch diese verbraucht geistige Energie. Sie führt sogar rascher und nachhaltiger zur Ermüdung als hochkonzentriertes, tatkräftiges Schaffen, denn diesem steht der erfrischende Erfolg und der raschere Wechsel des Gegenstandes helfend zur Seite, wie wir nachher noch in anderem Zusammenhang sehen werden.

So kann es also vorkommen, daß eine geistige Nutzleistung trotz hohen Aufwandes an Nervenkraft ganz ausbleibt. Dabei braucht dem Geistesarbeiter keineswegs die Konzentrationsfähigkeit zu fehlen. Sehr oft ist nur die Arbeitsweise verkehrt. Wir werden noch sehen, wie sie durch zielbewußtes Streben, durch Gewöhnung und Übung in bessere Bahnen gelenkt werden kann.

Hochkonzentrierte Arbeit ist nach zwei Richtungen wertvoll; sie führt *schneller* zum Ziel, und sie führt *besser* zum Ziel als das Arbeiten mit geringerer Konzentration. Das Arbeitsergebnis wird also im allgemeinen nach Menge und nach Güte gleichzeitig gesteigert. In überaus vielen Fällen ist ein hohes Maß von Konzentration die Vorbedingung dafür, daß überhaupt ein Arbeitsergebnis erzielt, die Lösung einer Aufgabe gefunden wird.

Es mag im ersten Augenblick gewissen Alltagserfahrungen widersprechen, daß die Güte der Arbeitsergebnisse mit der in gleicher Zeit geleisteten Menge wachsen soll. Man ist wohl geneigt anzunehmen, daß, wenn hier überhaupt ein Zusammenhang bestehe, dieser darauf hinauslaufen müsse, daß die bessere Arbeit mehr Zeit in Anspruch nähme als die schlechtere. Das trifft indessen auch schon auf anderen Gebieten nur innerhalb bestimmter Grenzen zu; gerade für die hochkonzentrierte Arbeit aber gilt, daß aus derselben Quelle Menge und Güte der Arbeit gleichzeitig fließt. Das ist ein sehr wichtiger Zusammenhang, der oft übersehen wird.

Freilich wäre es verkehrt, daraus zu schließen, daß jemand, der bedeutende Mengen Arbeit leistet, die eine gewisse Konzentration erfordert, darum auch ohne weiteres besonders Wertvolles leisten müsse. Die Fähigkeit und der Wille zur guten Leistung und die dafür erforderliche Konzentration muß vorhanden sein. Wem es überhaupt nicht gegeben ist, Hervorragendes zu leisten, der wird es auch nicht durch Steigerung der Arbeitsmenge erzwingen.

b) Dauer der Konzentration.

Das zweite, was für die Wertung der Konzentration in Betracht kommt, nämlich die Dauer, hängt weit mehr als ihr Grad von physiologischen Verhältnissen ab, die dem Willen des Arbeitenden nicht unmittelbar zugänglich sind. Immerhin kann auch hierbei richtige Arbeitsweise, Erziehung und Übung sehr viel zu Wege bringen.

Setzen wir Schulung und guten Willen voraus, so wird die Dauer hauptsächlich begrenzt durch Ermüdung. Man muß annehmen, daß bei der Arbeit fortwährend Energie verbraucht wird, daß dabei Stoffe abgebaut, neue Stoffe erzeugt und sonstige Zustandsänderungen hervorgerufen werden, die, wenn sie fortbestehen, das Weiterarbeiten erschweren, und die wir, wenn sie ein gewisses Maß erreicht haben, als Ermüdung empfinden. Andererseits aber werden diese Zustände fortwährend aus den Energievorräten des Blutes oder anderer Energiequellen wieder ganz oder teilweise ausgeglichen. Auf die Geschwindigkeit dieses Ausgleichvorganges kommt es wesentlich an.

Wollte man einmal annehmen, was aber sicherlich nicht ohne weiteres zutrifft, daß der Energieverbrauch bei allen Geistesarbeitern bei gleicher Nutzleistung derselbe wäre und daß bei allen Geistesarbeitern die Energievorräte an sich gleich groß wären, so könnte dennoch ein Unterschied ihrer Leistungsdauer bestehen, wenn die Geschwindigkeit des Ausgleichsvorganges verschieden wäre. Tatsächlich ist gerade diese Ausgleichsgeschwindigkeit der Menschen sehr verschieden. Man kann das z. B. beobachten, wenn man vergleicht, wie lange Zeit der eine und der andere braucht, um nach einer Ermüdung unter ähnlichen Umständen durch Ausruhen wieder frisch zu werden.

Wenn auch bei solchen und ähnlichen Beobachtungen viel Subjektives mit unterläuft, das sich nicht erfassen und aussondern läßt, so kann man dennoch durch genügende Zahl von Beobachtungen gewisse persönliche Wertzahlen für einzelne Menschen erhalten, die innerhalb gewisser Grenzen einen vorsichtigen Schluß auf die von dem einzelnen zu erwartende geistige Arbeit zulassen; vor allem auf ihre Dauer und Menge. Die mittlere Wertzahl des einzelnen kann sich im Laufe der Zeit ändern. Dafür scheint aber weniger die Übung als der allgemeine Körperzustand maßgebend zu sein.

Die Dauer der Konzentration ist begreiflicherweise für den Erfolg ebenso wichtig wie der Grad. Auch für die Dauer kann man von einer Art Schwellenwert reden. Wenn die Konzentration nachläßt bevor ein Arbeitsergebnis erzielt ist, so ist im allgemeinen die ganze Anstrengung vergeblich gewesen, und es muß später von neuem angefangen werden. Das wirkt meist auch entmutigend, und solche gedrückte Stimmung ist der Neuaufnahme der Arbeit oft recht hinderlich.

Jeder Geistesarbeiter, von dem berufsmäßig während bestimmter, vorgeschriebener Tageszeiten dauernd hochkonzentrierte Arbeit verlangt wird, muß fähig sein, stundenlang ohne störende Ermüdung erfolgreich zu arbeiten. Der Patentingenieur aber muß diese Fähigkeit in besonders hohem Maße besitzen, denn sie bildet für ihn die Grundlage zur Entwicklung einer weiteren Fähigkeit. Er muß nämlich imstande sein, nach Bedarf irgendeinen von ihm mit hoher Konzentration verfolgten Gedankengang ziemlich unvermittelt zu unterbrechen, dazwischen andere Gedankengänge anzuspinnen und erfolgreich zu Ende zu führen, und dann den ursprünglichen Gedankengang mit möglichst geringen Verlusten wieder aufzunehmen. Er kann sich regelmäßig nicht in ein stilles Kämmerlein zurückziehen, um zu arbeiten. Zwar gewährt man ihm in dieser Richtung so viel, wie nur irgend mit dem Betrieb verträglich ist; aber gerade für den, der vielseitige Verantwortung trägt, bringen es die Notwendigkeiten des Betriebes mit sich, daß ihn der Fernsprecher aus seinem besten Gedankenzuge herauszerrt, oder daß ihn unerwarteter, dringender Besuch beansprucht, so daß er gar oft eine ganze Reihe verantwortungsvoller und ihn eindringlich beschäftigender Sachen gleichzeitig und mehrfach ineinandergeschachtelt erledigen muß.

Das ist gewiß der Arbeit nicht förderlich. Es ist hart, aus mühevoller Gedankenarbeit kurz vor dem Erfolg gewaltsam herausgerissen zu werden; aber die Betriebserfordernisse und Verkehrsmittel, wie der Fernsprecher, bringen es unweigerlich mit sich. Es wird regelmäßig vom Patentingenieur gefordert, daß er nach Grad und Dauer Konzentrationsfähigkeit genug besitzt und sich im Laufe der Zeit Fertigkeit genug erwirbt, um auch in solchem zerfasernden Hetzbetrieb sich selbst und seine Gedankenfäden nicht zu verlieren. Hier tut Schulung und Übung Wunder.

Vorausgesetzt ist aber, wie schon gesagt, auf alle Fälle, daß ein hohes Maß von Konzentrationsfähigkeit, sowohl hinsichtlich ihres Grades, als auch ihrer Dauer, überhaupt vorhanden ist.

Es gibt viele, die unter solchen Beanspruchungen einfach zusammensinken, und denen dann die geistige Energie fehlt, um die einmal zerrissenen Gedankenfäden von neuem anzuspinnen. Wer das nicht im Lauf der Zeit immer mehr überwinden lernt, der ist auf die Dauer nicht brauchbar. Er bleibt in der Güte seiner Leistungen und vor allem auch in der Menge auffallend hinter anderen, glücklicher Veranlagten zurück.

c) Das Feld der Konzentration.

Wir haben die Konzentration nach ihrem Grad und nach ihrer Dauer gewertet. Ein dritter wichtiger Wert ist die Weite des geistigen Vorstellungsfeldes, das jeweilig überschaut und beherrscht wird; also das Fassungsvermögen des geistigen Blickes.

Im allgemeinen verengt sich der geistige Blick um so mehr, je höher der Grad der Konzentration ist. Von diesem Blickfeld ist aber wohl zu unterscheiden das beherrschte Feld. Der geübte Geistesarbeiter vermag ein weit größeres Feld als das jeweilige Blickfeld dadurch zu beherrschen, daß er seinen Blick wandern läßt und sich dadurch rasch der Einzelheiten und ihrer Zusammenhänge vergewissert.

Je verwickelter das Ganze ist, desto schwieriger ist es, auf solche Art alles einheitlich zusammenzufassen und zu beherrschen. Sehr erleichtert wird es, wenn dem Geistesarbeiter auf dem Sondergebiet schon reiche Erfahrung und viele längst eingeschliffene oder vorbereitete Gedankenverkettungen zur Verfügung stehen; vor allem aber, wenn es ihm gelingt, einen guten Stützpunkt zu finden: eine Grundvorstellung, einen Leitgedanken, ein Schema oder dergl., von wo aus er alle Zusammenhänge leicht überschaut, alle Einzelheiten rasch erfaßt und richtig wertet; zu dem er alles in Beziehung bringt. Hierauf werden wir noch ausführlich zurückkommen, wenn wir von der „schöpferischen Einstellung“ sprechen.

Die Bedeutung des „Feldes“ kann uns ein einfacher Vorgang veranschaulichen. Achten wir auf die einzelnen Buchstaben eines geschriebenen Wortes, so tritt meist nur einer gleichzeitig in unser Bewußtsein; alle anderen treten in den Hintergrund. Auf die einzelnen Buchstaben achtend, könnte man höchstens buchstabieren, um dann aus den Buchstaben allmählich Worte, durch deren Aneinanderreihen Sätze und aus diesen endlich einen Sinn herauszufinden. Lesen aber erfordert das Erfassen ganzer Wortbilder, ja ganzer Teile von Sätzen mit einem einzigen Blick. Aber auch das ist nur eine Vorstufe zu dem eigentlichen Lesen, das uns unmittelbar über den sinnlichen Eindruck der Buchstabengruppen hinaus zu dem geistigen Inhalt der Worte führt, ohne daß wir uns noch der sinnlichen Eindrücke bewußt werden, die von den Buchstabengruppen ausgehen. Diese Fähigkeit kann aber, wie jeder aus Erfahrung weiß, nur durch Übung ganz allmählich gewonnen werden.

Für die hochkonzentrierte geistige Arbeit ist in ganz ähnlicher Weise eine doppelte Fähigkeit erforderlich: man muß imstande sein, mit einem Blick ein Ganzes zu überschauen, die großen Zusammenhänge und die dahinter stehenden Ideen zu erfassen; dennoch aber auch jeden Augenblick nach Bedarf jede Einzelheit scharf vorzustellen, um dann wieder den Blick von neuem über die Einzelheiten hinweg in die Tiefe zu senken.

Der Geistesarbeiter muß ein großes verwickeltes Vorstellungsfeld rasch geistig „abtasten" können. Er muß imstande sein, in einem Vorstellungsfelde an der Hand der inneren Zusammenhänge des Vorgestellten rasch hierhin und dorthin zu wandern, ohne sich im Gewirr zu verlieren, und er muß sich jederzeit zum Ausgangspunkt zurückfinden können. Dazu muß er die Fähigkeit des großen Blickfeldes haben, verbunden mit starker Gedächtniskraft, mit Zähigkeit im Festhalten und in der Vergesellschaftung von Vorstellungen. Gute Veranlagung dieser Art und viel Übung ist die unerläßliche Vorbedingung dafür, daß jemand fähig ist, über verwickelte Vorstellungsgruppen rasch einen Überblick und einen tiefen Einblick in ihren Zusammenhang zu gewinnen.

2. Die Quellen geistiger Energie.

Zusammenhang zwischen Konzentration und Energieaufwand. — a) Pflege der Energiequellen (S. 41) — Körperpflege — Sittliche Einflüsse — Arbeitswillen — Anfangshemmung — Selbsterziehung — Zwang — Verantwortlichkeitsgefühl — Regelung der Arbeit. Belastungsgrad — Arbeitsdauer — Wechsel des Gegenstandes — Entschlossenheit. — b) Beseitigung von Widerständen (S. 45) — Äußere Widerstände — Mengenpsychologische Einflüsse — Beseitigung innerer Widerstände — Entlastung von Nebenwerk — Gedächtnishilfen — Niederschrift — Hemmungsgefühle und -vorstellungen — Übung usw.

Konzentration erfordert Energie[1]). Der Energieaufwand steht nicht ohne weiteres im geraden Verhältnis zur erreichten Konzentration.

[1]) Geistige Vorgänge sind unlösbar mit physischen, also energetischen Vorgängen verknüpft. Einigermaßen zugänglich ist uns bei solchen Vorgängen meist nur die geistige Seite, für die wir das physische Energieäquivalent nicht kennen, und die wir auch sicherlich nach anderen Maßstäben werten, als die rein energetisch erfaßten physischen Vorgänge. Gleichwohl sehen wir hier ursächliche Zusammenhänge, können die Größe geistiger Wirkungen vergleichen, können wenigstens ge-

Unter sonst gleichen Voraussetzungen hängt er vom Gesamtwert der zu überwindenden inneren und äußeren Widerstände ab. Die Größe dieser Widerstände aber hängt von recht verwickelten Verhältnissen ab, die auch von Kopf zu Kopf und bei jedem einzelnen wiederum von Fall zu Fall sehr verschieden sein können. Höchste Konzentration kann spielend leicht fallen, während sie ein anderes Mal trotz großem Energieaufwand fast unmöglich ist. Im allgemeinen freilich läßt sich sagen, daß die gleichzeitig aufzubietende Energiemenge um so größer ist, je schwieriger und verwickelter die Aufgabe und demgemäß der verlangte Grad der Konzentration ist. Je höher aber dieser zur Konzentration erforderliche Energieaufwand ist, desto geringer ist unter sonst gleichen Verhältnissen die erreichbare Dauer der Konzentration.

Das gilt nur in ganz groben Zügen. Das wirkliche Abhängigkeitsverhältnis ist ziemlich verwickelt. Es spielt vieles mit hinein, das sich nur schwer erfassen läßt. Gleichwohl ergeben sich aus der allgemeinen Abhängigkeit der Konzentration von dem Energieaufwand verschiedene Möglichkeiten, die Konzentration zu fördern. In zweifacher Weise wird das geschehen können: dadurch, daß man Quellen geistiger Energie erschließt oder ihre Ergiebigkeit steigert, und dadurch, daß man die Widerstände vermindert, die sich der Konzentration entgegenstellen.

a) Pflege der Energiequellen.

Wegen des engen Zusammenhanges körperlichen und geistigen Geschehens wird alles, was den Körper fördert, auch die geistige Energie erhöhen können, so daß gute Körperpflege, Licht und Luft, richtige Temperatur des Arbeitsraumes, ruhige, gesicherte Lebensverhältnisse, geordneter, gesundheitsmäßiger Lebenswandel, ausreichender Schlaf und richtige Ernährung viel dazu beitragen, die Leistungsfähigkeit zu erhöhen und zu erhalten. So wichtig das alles auch ist, um dauernd Höchstleistungen geistiger Arbeit zu erzielen, so mag doch hier der bloße Hinweis genügen. Die Folgerungen ergeben sich leicht.

Man kann nun auch durch sittliche Einflüsse die geistigen Energiequellen ergiebiger machen. Der Geistesarbeiter muß sich klar sein über die Anforderungen, die an ihn gestellt werden und über die Möglichkeiten, sie zu erfüllen; vor allem über seine eigene Kraft, über die Voraussetzungen ihres Wirksamwerdens und über die günstigsten Bedingungen

fühlsmäßig den größeren oder geringeren geistigen „Kraftaufwand" feststellen, nehmen ein rascheres oder weniger rasches Erschöpftsein der geistigen Leistungsfähigkeit wahr. Alles dies im Verein mit dem als zweifellos feststehend angenommenen Zusammenfließen geistiger und physisch energetischer Vorgänge hat dazu geführt, daß man das Wort „Energie" vielfach auch auf Vorgänge anwandte, die lediglich nach geistigen Werten beurteilt werden. Es sei gestattet, das zwar ungenaue, aber für den Gebrauch recht bequeme Wort hier beizubehalten.

der Arbeit. Richtige Anleitung kann hier sehr viel helfen, wenn eigene Erfahrung und Übung ergänzend und festigend hinzukommt. Einsicht und Selbstvertrauen erhöhen die Arbeitsfreudigkeit und stählen den Arbeitswillen, und mit alledem wird zugleich die geistige Energie, die zur Konzentration führt, rascher und ergiebiger bereitgestellt.

Frische, freudige Stimmung hebt und beschleunigt an sich schon die geistige Arbeit, während gedrückte Stimmung sie im allgemeinen verlangsamt. Die freudige, förderliche Stimmung braucht dabei keineswegs durch die Arbeit selbst ausgelöst zu sein. Es ist sogar ein besonders glücklicher Umstand, wenn einmal gerade die ganz bestimmte Aufgabe den Arbeitenden fesselt und ihm Freude macht.

Es gibt aber förderliche Stimmungen ganz anderer Art. Eine Art Haß gegen die uns im Wege liegende Arbeit, der Drang, sie zu beseitigen, um damit fertig und frei zu werden, ist in der Wirklichkeit des Alltags von viel größerer Bedeutung, weil diese Stimmung dem durchschnittlichen Geistes- und Gemütszustand der meisten Menschen, die berufsmäßig arbeiten müssen, viel besser entspricht. Der Drang, eine verhaßte Arbeit aus dem Wege zu räumen, wird aber meist nur bei Überwindung der ersten Schwierigkeiten eine Rolle spielen. Die innere Teilnahme an der Aufgabe, ohne die ein erfolgreiches Arbeiten schließlich doch nicht gelingen würde, stellt sich ganz von selbst ein, wenn man erst einmal die Sache mit Entschiedenheit angegriffen hat und dabei fühlt, wie man allmählich die Herrschaft über den besonderen Stoff der Aufgabe gewinnt.

Gerade für den Beginn der Arbeit ist in der Regel am meisten Energie erforderlich. Es gibt nämlich auf dem Gebiet der geistigen Arbeit ähnlich wie auf dem Gebiet der räumlichen Bewegungskräfte eine „Reibung der Ruhe“, die viel größer ist als die Reibung der Bewegung. Für die Überwindung dieser Anfangshemmung kann man sich aber durch Übung sehr weit selbst erziehen. Man mache es sich z. B. zum Grundsatz, entschlossen zuzugreifen, wenn eine Arbeit nicht recht in Fluß kommen will; sie nicht vorläufig beiseite zu legen, sondern so bald wie möglich einen entscheidenden Schritt zu ihrer Durchführung zu tun. Unter dem Zwang des bereits Begonnenen spinnt man dann leichter den Faden weiter und überwindet so die „Reibung der Ruhe“. Man setzt sich also hier gewissermaßen selbst unter eine Art „Überdruck“, um schneller in Bewegung zu kommen. Mit Besonnenheit angewandt ist dies ein wertvolles Mittel zur Steigerung der Konzentration und der Leistung.

Nicht nur für das Überwinden der Anfangshemmung, sondern auch für den Fortgang der Arbeit kann die Selbsterziehung Großes zuwege bringen. Ein oft bewährtes Hilfsmittel hierfür ist scharfe Zeiteinteilung, wobei man sich für einzelne Arbeiten besondere Fristen stellt, die sich nötigenfalls auf feste Vorstellungen gründen: „ich kann und will diese Arbeit auf alle Fälle in der und der Zeit hinter mir haben, um dann an jene andere Aufgabe zu gehen."

Ähnlich wirkt überhaupt irgend ein Zwang, der auf den Arbeitenden ausgeübt wird, z. B. Stellung ganz kurzer Fristen für die Erledigung. Jeder solcher innere oder äußere Zwang wird aber nur dann eine ersprießliche Wirkung haben können, wenn er nicht ganz offenbar Forderungen über die Grenzen des Möglichen hinaus stellt.

Wirksamer als äußerer Zwang ist freilich das Gefühl der eigenen Verantwortlichkeit des Arbeitenden. Gerade da, wo hochkonzentrierte Arbeit gefordert wird, kann man immer wieder beobachten, wie bei einem Menschen, der sich seiner Pflicht und Verantwortlichkeit klar bewußt ist, die Leistungsfähigkeit wächst, wenn die Arbeitslast steigt, die ihm zugemutet wird. Mancher geht überhaupt erst richtig aus sich heraus und wird sich seiner Verantwortung und zugleich seiner eigenen Kraft erst voll bewußt, wenn er mit soviel Arbeit belastet wird, daß er in eine Art Notlage kommt.

Ist die Belastung zu gering, dann sinkt die Arbeitskurve sehr rasch, und es kann zu vollständiger „Leerlaufarbeit" kommen. Besonders bei noch wenig entwickelten Leuten kann man das beobachten. Andererseits kann aber auch durch zu starke Belastung die Leistung wesentlich gehemmt werden; wir können dabei von den physisch erschöpfenden Wirkungen übermäßiger Anstrengungen hier vorerst ganz absehen. Besonders auf den Anfänger wirkt die Überlast leicht verwirrend und entmutigend. Die Energiequellen werden gehemmt und die Arbeitskurve sinkt rasch. Ist das Selbstvertrauen erst durch Erfahrung gestärkt, so kann man dem Arbeitenden schon eher vorübergehende oder dauernde Überlast zumuten. Sehr viel können da auch gute Vorbilder helfen, sowie die Überzeugung von der eigenen Leistungsfähigkeit und von der Möglichkeit, sie weiter zu entwickeln.

Wer die Führung und Entwicklung eines anderen übernommen hat, wird sich über seine Belastungsgrenze möglichst bald Rechenschaft zu geben haben, damit er ihn vor bedenklicher Überlast ebenso wie vor Unterlast schütze, denn Fehlgriffe im einen oder im anderen Sinne stören oft nicht nur vorübergehend; sie können die ganze Entwicklung eines Auszubildenden hemmen. Sinkt die Arbeitskurve wegen unrichtiger Belastung öfter unter eine gewisse Höhe, so gewinnen bei dem Arbeitenden Vorstellungen und Empfindungen die Oberhand, die seine Konzentrationsfähigkeit für künftige Fälle mindern; die zu überwindenden Widerstände wachsen.

Ähnliche Endwirkungen, wie zu starke Gesamtbelastung, hat auch zu lange Arbeitsdauer. Die eine wirkt auf die Einbildungskraft und erzeugt das Gefühl der Ohnmacht gegenüber der Solleistung. Die andere erschöpft die Energie und erzeugt Ermüdung. Beides kann zu länger dauernder Verstimmung führen und die Leistungsfähigkeit stark herabsetzen. Dergleichen läßt sich besonders bei Leuten, die noch in der Entwicklung sind, schwer überwinden.

Ist die regelmäßige tägliche Arbeitsdauer, die von dem Geistesarbeiter verlangt wird, sehr lang, so entwickelt sich gar leicht eine Gruppe von Vorstellungen und Empfindungen, die, dem Betreffenden selbst kaum bewußt, seine ganze geistige Einstellung zur Arbeit beherrschen können und dann der Arbeit um so stärkeren Abbruch tun, je höhere Konzentration diese erfordert. Die kaum bewußte Vorstellung der langen Arbeitszeit und der zu erwartenden Ermüdung; dazu die dunkle Vorstellung, sich durch Verminderung der Anspannung vor frühzeitigem Zusammenbruch bewahren zu müssen; oft genug auch das Gefühl ungerechter Überlastung und einer den Anforderungen nicht angemessenen Bezahlung; alles das und noch manches andere kann bei einzelnen so verhängnisvoll zusammenwirken, daß sie geradezu für die hochkonzentrierte Arbeit unbrauchbar werden. Rechtzeitiger Zuspruch und gute Leitung kann sie zuweilen retten. Werden sie sich ihrer Leistungsverminderung erst selbst klar bewußt und fangen an darüber nachzugrübeln, dann treten ihnen all die bis dahin nur dunkel bewußten „Gründe" so deutlich und überzeugend vor Augen, daß sie diese auch gelegentlich aussprechen und nun davon nicht mehr abzubringen sind. Vollständiges Aufgeben der bisherigen Tätigkeit ist dann die einzige Lösung. Es sind mir eine ganze Reihe solcher Fälle vorgekommen. Gefährlicher für den Betrieb sind freilich die Fälle, bei denen sich der krankhafte Zustand nicht so offen zeigt, daß man ihm so oder so beikommen kann.

Schädlich für die Arbeit wirkt auch zu langes Verweilen in einem engen Vorstellungskreis, also zu lange Konzentration auf eine und dieselbe Sache. Will eine Frage wirklich trotz aller Anstrengung nicht flüssig werden, so ist es oft das beste, einmal abzubrechen und sich mit anderem zu beschäftigen. Durch einen Wechsel des Gegenstandes tritt eine gewisse Entspannung ein, und der Geist wird wieder aufnahmefähig. Oft gelingt dann bei erneuter Aufnahme der früheren Aufgabe die Lösung viel leichter.

Die beste Entspannung von der Konzentration auf eine Frage ist freilich immer ihre Erledigung. Je entschlossener und kräftiger man eine Aufgabe bis zu Ende fördert, desto geringer ist die zu ihrer Bewältigung erforderliche Gesamtenergie und die Ermüdung; desto frischer ist man für eine neue Sache. Unentschlossenes, lässiges Arbeiten und zu langes Verweilen in demselben engen Gesichtskreis ermüdet sehr viel mehr als das entschlossene, rasch fördernde Arbeiten, das einen schnelleren Wechsel der Vorstellungen und Eindrücke mit sich bringt. Mindestens gegenüber solchen Arbeiten, die hohe Konzentration erfordern, kann man also geradezu sagen, daß entschiedenes Durchgreifen trotz der überlegenen Mehrleistung, die dabei erzielt wird, erheblich weniger ermüdet als das gemächliche Arbeiten, wie man es gar häufig bei denen findet, die entweder noch nicht die nötige Übung haben oder sich ihrer Leistungsfähigkeit noch nicht bewußt sind oder aber — was auch gelegentlich vorkommt — der falschen Meinung sind, ihre Kräfte schonen zu müssen, um sich nicht zu überarbeiten.

Alles dies greift schon hinüber in die Frage, die uns hiernach beschäftigen soll: in das Gebiet der Hemmungen und Widerstände, die sich der freien Entfaltung der geistigen Energiequellen in den Weg stellen. Eine scharfe Trennung ist auch kaum möglich, da im allgemeinen alles, was zur Beseitigung von Widerständen führt, zugleich die Energiequellen günstig beeinflußt. Wir werden daher auf verwandte Fragen noch einmal in anderem Zusammenhang mit einigen Worten zurückkommen.

b) Beseitigung von Widerständen.

Die Widerstände, die sich der Konzentration entgegenstellen, können auf äußeren Einflüssen beruhen, die auf die Sinne des Arbeitenden einwirken und ihn stören und ablenken; sie können aber auch durch innere Verhältnisse bedingt sein, die mit dem feineren Bau unseres Körpers, mit der besonderen Veranlagung des einzelnen und mit seiner zufälligen Stimmung zusammenhängen. Eine scharfe Scheidung zwischen inneren und äußeren Widerständen läßt sich nicht durchführen, da alles, was durch die Sinne auf uns wirkt, gleichzeitig die geistige Stimmung wesentlich und nachhaltig beeinflussen kann.

Die vornehmlich auf äußeren Einflüssen beruhenden Widerstände wären an sich am leichtesten zu erfassen. Fernhalten von störenden Sinneseindrücken, besonders von Geräuschen und ablenkenden Gesichtseindrücken einer unruhigen Umgebung, von unzeitigen Besuchern, von vorlauten Fernsprechern usw. — wenn es nur darauf ankäme, so wäre leicht abgeholfen und viel gewonnen. Leider aber ist dergleichen aus anderen Rücksichten im Betrieb kaum durchführbar, wie wir vorhin schon sahen. Eine gewisse Ruhe für Augen und Ohren kann man wohl leicht insoweit gewährleisten, als dies durch Auswahl eines ruhig gelegenen Arbeitsraumes und durch geschickte Einrichtung dieses Raumes erreichbar ist. Den Störungen aber, die durch die Notwendigkeiten des Verkehres bedingt sind, kann sich der im Betrieb Arbeitende höchstens vorübergehend einmal entziehen. Er muß sich also damit abfinden, so gut es geht.

Auf der Grenze zwischen äußeren und inneren Einflüssen stehen die eigenartigen Vorgänge, die man als „mengenpsychologische" Erscheinungen zusammenfaßt. Es sind Wirkungen, die auf dem Bewußtsein einer geistigen Wechselbeziehung zu anderen Menschen beruhen und die besonders stark sind, wenn solche anderen Menschen räumlich nahe sind.

Die Wirkungen können sehr verschieden sein. Meist sind sie derart, daß sie die hohe schöpferische Konzentration hemmen. Vor allem vermindern sie meist sehr stark das Gefühl der persönlichen Verantwortlichkeit. Es entsteht ein Zustand des Sichgehenlassens, der den einzelnen auch besonders empfänglich macht für fremde Eingebungen. Durch Summierung von Köpfen entsteht daher meist ein Geringeres, selten ein Größeres. „Senator homo bonus, senatus mala bestia" sagte man schon im alten Rom.

Wir werden auf diese Frage noch mit einigen Worten im nächsten Kapitel zurückkommen, wenn wir auf den Zusammenschluß mehrerer Patentingenieure zu gemeinsamer Tätigkeit zu sprechen kommen. Wir werden insbesondere sehen, wie sich eine gewisse räumliche und, durch Steigerung des Bewußtseins der Verantwortlichkeit, auch geistige Absonderung der einzelnen unter voller Wahrung der Arbeitseinheit der Organisation erreichen läßt.

Die inneren Widerstände kann man auf verschiedene Art vermindern. Zunächst durch alles, was den Geist entlastet. Zur Erledigung einer Aufgabe gehört vieles, was untergeordneter Art ist und in ähnlicher Form öfter wiederkehrt, wie Schreibarbeit, Akten ordnen und verwahren. Das kann auch ein anderer machen. Aber es gibt auch höhere Leistungen, die sich von einer verwickelteren Aufgabe leicht abtrennen lassen, wie Heraussuchen von Schriftstellen, vorläufiges Ordnen und Vergleichen solcher Stellen. Durch geschicktes Heranziehen von Hilfskräften kann man hier viel Zeit und Kraft sparen.

Ferner kommt vieles vor, was das Gedächtnis stark in Anspruch nimmt und dadurch viel Energie verzehrt. Hier kann man sich oft wertvolle Hilfen schaffen durch handliche Vordrucke, übersichtliche Tafeln, Fragebogen usw. Was hier möglich ist und nützlich sein kann, das herauszufinden ist Sache einer guten Organisation und eigener Findigkeit des einzelnen. Durch ungeschickte Maßnahmen solcher Art kann allerdings die Belastung noch vermehrt werden. Aber es gibt auch scheinbar verwickelte Einrichtungen, die auf den ersten Blick Mißtrauen erwecken und die dennoch viel nützen, weil sie den Bedürfnissen feinfühlig angepaßt sind. Nur lange Erfahrung kann den rechten Weg zeigen; Versuchen und Vergleichen, Beobachten und Anpassen hilft weiter, und der wirkliche Erfolg muß schließlich entscheiden, was dauernden Bestand haben soll. Wir werden darauf noch zurückkommen.

Ein weiteres Mittel zur Entlastung ist das Festlegen von Gedanken durch Schrift oder andere Zeichen. Wenn ihnen ein guter Gedanke kommt oder eine glückliche Redewendung einfällt, so haben die meisten Menschen das Gefühl, das sei ihnen unverlierbar. Aber selbst wer das glänzendste Gedächtnis hat, kann in dieser Hinsicht nicht für sich einstehen, besonders dann nicht, wenn die Gedanken nachher weiterlaufen und ein Bild das andere verdrängt. Oft sind dann schon nach wenigen Minuten die wertvollsten Feinheiten eines errungenen Gedankens ausgelöscht. Nur wer rasch zugreift und seinen Fund irgendwie festlegt, wird sicher sein, daß ihm zum Schluß einer längeren Gedankenkette alle Bausteine für das auszuführende Werk wieder zur Hand sind.

Das ist um so wichtiger, je verwickelter das Netz der Gedanken ist. Gerade dann ist auch das Festhalten und Ordnen aller Knoten und Maschen des Netzes eine Arbeit, die dauernd Energie beansprucht. Durch einige geschickte Aufzeichnungen entlastet man das Gedächtnis. Der Geist wird freier und die Konzentration auf das Wesentliche wird bedeutend erleichtert, ja oft wird sie überhaupt erst dadurch möglich. Die Gedanken kommen auch weit besser in Fluß und verwirren sich weniger leicht. Wir wissen es aus den Berichten vieler großer Geister, daß gerade das Schwierigste und Beste, das sie uns hinterlassen haben, durch eine beständig vom Schreiben unterstützte Gedankenarbeit aus zahllosen Bausteinchen erwachsen ist.

Freilich will das geübt sein. Das Schreiben muß gut von der Hand gehen, ohne für sich selbst die Aufmerksamkeit zu fesseln. Man darf auch nicht wahllos und im Übermaß schreiben. Hier die rechte Art und das rechte Maß zu finden ist eine „Kunst“, die planmäßig und jahrelang von jedem einzelnen nach allgemeinen Fingerzeigen entwickelt und geübt werden muß.

Wer sich daran gewöhnt hat, beim Verfolgen von Gedanken sogleich das Wesentliche in Stichworten festzuhalten und im Rohen vorzuordnen, geeignete Wendungen für eine Ausarbeitung hier und da schon andeutungsweise einzufügen und von vornherein auf die Gliederung und Einteilung des Stoffes hinzuarbeiten, der wird es in der Regel am schnellsten dazu bringen, ein umfangreiches, verwickeltes Gebiet zu überblicken und wird sich durch wenige äußere Stützen wesentlich entlasten; er wird sicher und ruhig werden und den Stoff schnell beherrschen. Er wird dann schließlich seine Ausarbeitung unmittelbar einem Helfer in die Feder geben können.

Durch solche und andere Entlastung kann man nicht nur erheblich an Arbeitsenergie, sondern auch an Zeit sparen und die Konzentration auf ein sonst nicht erreichbares Maß steigern, so daß die Leistung in jeder Hinsicht wächst.

Eine andere, besonders schwer zu erfassende Quelle von Hemmungen liegt in dunkelbewußten Gefühlen und in unterbewußter Verkettung von Vorstellungen, die sich dem freien Geistesflug in den Weg stellen. Schon unsere Betrachtungen über die Pflege der Quellen geistiger Energie führten uns auf solche Hemmungen (vgl. S. **43 f**). Es sind oft Überreste früherer seelischer Eindrücke, die kein Gegengewicht in anderen Vorstellungen gefunden haben; unglücklich eingeschliffene Bahnen. Man kann ihnen schwer beikommen, wenn man sie ans Licht ziehen will. Zuweilen gelingt das. Ob psycho-analytisches Vorgehen im weiteren Sinne der FREUD'schen Schule da was helfen kann, mag dahingestellt bleiben. Es wird auf den Sonderfall und auf die Geschicklichkeit des Helfers ankommen. Oft schleift sich dergleichen im Laufe der Jahre von selbst aus.

Nützlich ist dabei immer die Belebung der Einbildungskraft durch gute Vorbilder und die Überzeugung von der eigenen Entwicklungsfähigkeit. Das kann man z. B. im gewerblichen Betrieb den Auszubildenden meistens leicht geben, wenn man sich erst einmal über die Zusammenhänge Rechenschaft gegeben hat.

Die Widerstände, die der geistige Arbeiter zu überwinden hat, vermindern sich weiterhin durch einen Vorgang, der sich im Laufe der Zeit von selbst vollzieht und der mit dem „Einschleifen" der Nervenbahnen zusammenhängt. Er drückt sich zum Teil in dem aus, was man Gewöhnung, Übung, Gewandtheit nennt. Durch den nämlichen Vorgang werden gleichzeitig auch die physiologischen und moralischen Energiequellen ergiebiger gemacht. Dies führt uns in ein anderes Gebiet, dem wir nun unsere Aufmerksamkeit zuwenden wollen.

3. Zwangläufigkeits- und Reifungsvorgänge.

„Unterbewußte" Vorgänge – Beispiele – Reifungsvorgänge – Die Reifungskurve – Berufsausbildung als Reifungsvorgang – Schule – Gymnasium – Hochschule – Nachreifung im Beruf – Umfang und Bedeutung der Nachreifung – Einfluß auf die Leistungsmenge.

Bei der Entwicklung des einzelnen schleifen sich immer mehr Nervenbahnen ein, immer mehr Vorstellungsgruppen werden erinnerungsbereit miteinander verkettet, immer mehr Arbeit, die zuerst mühevoll und bewußt aufbauend geleistet werden mußte, wird dem „Unterbewußtsein"[1]) übertragen, und so entsteht das, was man Erfahrung, Übung, Arbeitsgeschick nennt.

Was dabei vor sich geht, ist ganz ähnlicher Art, wie in dem schon oben (S. 39 f) besprochenen Fall des Lesenlernens. In dem Maße, wie jemand sich in ein Arbeitsgebiet und in eine bestimmte Arbeitsweise hineinfindet, wird er innerlich frei. Dann gibt es für ihn kein „Buchstabieren" mehr, kein Stammeln, kein befangenes, knechtisches Reden, wie bei einem, der sich durch die Worte führen läßt, statt ihr Herr zu sein. Das Unterbewußtsein hat dann eine Fülle von Leistungen übernommen, die der Ungereifte früher mühevoll tastend bewußt vollbringen mußte. Über die Buchstaben hinaus und über die Worte hinaus erschaut er jetzt unmittelbar den Sinn.

Die Wandlung, die er durchgemacht hat, findet sich von wesentlich gleicher Art überall da, wo etwas zunächst sehr schwierig Scheinendes allmählich erlernt wird. Denken wir an den Anfänger im Radfahren, der mühevoll mit größtem Aufwand von Konzentration, körperlicher Anstrengung und Nervenkraft das Gleichgewicht hält. Wenn er geübt ist, wird er sich überhaupt keiner besonderen Leistung des Gleichgewichthaltens mehr bewußt. Das geht so weit, daß z. B. viele Radfahrer behaupten, das Gleichgewichthalten beruhe lediglich auf der Schwungkraft der umlaufenden Räder; es sei überhaupt kaum möglich, mit dem Rade zu fallen. Wenn aber die Betreffenden beim Fahren aufgefordert werden, die Hände von der Lenkstange zu nehmen und ohne zu fallen weiterzufahren, so zeigt sich schnell, daß dies trotz der ruhig weiter umlaufenden Räder zu einem Sturz führt, bis der Betreffende seine Muskeln und Nerven durch bewußte Einstellung auf die Aufrechterhaltung des Gleichgewichts und Durchführung der Steuerung auch unter diesen besonderen Bedingungen eingeübt hat und nun diese etwas verwickeltere Aufgabe mit der gleichen Selbstverständlichkeit und ohne sich dessen bewußt zu werden, löst, wie er zuvor jene andere löste. Das Unterbewußtsein hat die anfangs geradezu unmöglich scheinende Leistung spielend übernommen, und er fährt nun freien Geistes und mit offenen Sinnen durch die Landschaft dahin.

Ähnlich geht es in allen Dingen. Die Sprache hat für den Vorgang

---

[1]) „Unterbewußtsein" soll hier lediglich ein bequemes Wort sein für die uns unbekannten Vorgänge, die sich ohne Bewußtsein oder nur dunkel bewußt abspielen; von denen wir z. Zt. nur ihre im Reiche des Bewußten liegenden Endwirkungen kennen und die hinsichtlich dieser ihrer Wirkungen auf unser Denken und Tun uns bekannten bewußten Vorgängen äquivalent erscheinen. Über die Natur der „unterbewußten" Vorgänge soll durch das Wort nichts angedeutet sein. Es käme auch immer nur auf einen Wortstreit hinaus, ob man jene Vorgänge als „seelische" Vorgänge auffaßt oder ob man sie lediglich einem materiellen „Träger" dieser seelischen Vorgänge zuschreibt, der auch ohne Beteiligung der „Seele" bei unserem Denken mitarbeitet.

treffende Worte gefunden. Was uns anfangs verwirrte, daß wir nicht durchfanden, das „setzt sich ab", und wir gewinnen die Herrschaft, indem uns das Wesentliche „in Fleisch und Blut übergeht".

Der Blick wird klar bei dem Geübten. Der Geist wird frei und vermag zu herrschen. Vieles fließt ihm jetzt von selbst zu, was er früher mühevoll hätte erringen müssen. Er vermag nun seine freie, gestählte Kraft ganz anders zu entfalten und vieles zu schauen und zu finden, was ihm früher nie zugänglich gewesen wäre.

So vermeidet er Leerlaufarbeit, erspart Energie und vermag den Stoff zu meistern.

Durch Erfahrung und Übung wird auf solche Art eine zuweilen ans Wunderbare grenzende Erhöhung der Leistungsfähigkeit erzielt. Ohne solchen „Reifungs"vorgang ist der Mensch meist nicht imstande, im Wettbewerb mit anderen, Ausgereiften, zu bestehen. Bei solcher Reifung verketten sich im Unterbewußtsein zahllose Nervenbahnen miteinander derart, daß bei der Arbeit ohne Mühe und ohne Energieaufwand geistige Wirkungen ausgelöst werden, die dem Anfänger viel Zeit und bewußte Überlegung kosteten.

Die Reifung geht bei verschiedenen Menschen je nach ihrer Veranlagung sehr verschieden rasch vor sich. Außerdem hängt die Reifungsdauer von der Eigenart der auszuübenden Tätigkeit ab. Darauf werden wir nachher noch zurückkommen.

Die Art, wie die Reifungskurve ansteigt, ist ebenfalls verschieden. Aus den Erfahrungen bei der sehr langwierigen Ausbildung von Patentingenieuren kann ich folgendes sagen: Im Allgemeinen steigt die Kurve anfangs langsam, dann rascher, um schließlich ihren Anstieg stetig zu verlangsamen. Am wertvollsten ist es natürlich, wenn einmal die Kurve rasch ansteigt und sich zu bedeutender Höhe erhebt. Zuweilen jedoch vergehen Jahre, bevor die Kurve nennenswert über ihren Anfangswert geht. Gelegentlich kommt dann aber doch noch ein überraschender, starker Aufstieg, der sich meistens auch zu recht befriedigender Höhe fortsetzt. Bei anderen geht die Entwicklung zu Anfang sehr rasch und vielversprechend vor sich, um schon nach kurzer Zeit auf ziemlich geringer Höhe zum Stillstand zu kommen. Ähnliches gilt auch auf anderen Berufsgebieten.

Jede Berufsausbildung hat den Zweck, eine Reifung herbeizuführen. Dabei kommt es auf etwas mehr oder weniger Wissensstoff zunächst nicht an Das etwa fehlende Wissen eignet sich der Auszubildende leicht selbst an, wenn er einen gewissen Reifungsgrad erreicht hat.

Je nach dem Endziel, dem man zustrebt, wird die Reifung sich verschieden gestalten müssen. Die Schule hat im wesentlichen den Zweck, den Menschen zu reifen, damit er fähig wird, sich das ihm dienliche Wissen rasch anzueignen und zu verarbeiten. In dieser Fähigkeit liegt auch der eigentliche Kern aller „Bildung“.

Der Inbegriff alles Wissens, das in den ersten Schuljahren übermittelt wird, ist nur gering. Das Schulwissen ist nur zum kleineren Teil um seiner selbst willen da, zum weit größeren Teil aber ist es ein Mittel, um die Reifung zu fördern, die zur leichten Aufnahme weiteren Wissens und zur Fortentwicklung befähigt. Ein Mensch, der einen gewissen Reifegrad erlangt hat, ohne gerade dieses bestimmte Schulwissen verarbeitet zu haben, könnte den ganzen Stoff in allerkürzester Frist bewältigen.

Mit der Menge des gesamten Wissens unserer Gymnasien ist es nicht anders. Die Menge der Kenntnisse, die da vermittelt werden, verschwindet fast gegenüber der Fülle dessen, was von dem gereifteren Geist später auf der Hochschule aufgenommen wird. Dieses Wissen ist zudem größtenteils von solcher Art, daß es im späteren Leben kaum gebraucht wird; und kommt man wirklich einmal in die Lage, daß man etwas davon brauchen könnte, so ist es längst vergessen. Das Gymnasium hat aber dennoch sein Ziel erreicht, wenn es mit Hilfe dieses Stoffes durch geistiges „Turnen“ die Reifung förderte. Gerade die Reifung der Entwicklungsjahre, vom 14.—19. Lebensjahr, ist ja von besonderer Bedeutung für das spätere Leben und vor allem für das Lernen.

Auf der Hochschule beginnt wieder eine andere Reifung, die den jungen Menschen für Berufsaufgaben bestimmter Art befähigen soll. Dieser Reifungsvorgang wird aber niemals auf der Hochschule vollendet; die Ausreifung kann erst im Beruf selbst vor sich gehen. Ganz besonders gilt das natürlich auf Gebieten, auf denen die Hochschule nur wenig vorbildet und auf denen dauernd hochkonzentrierte Arbeit besonderer Art geleistet werden muß. Da ist zwar der stufenweise Reifungsvorgang, auf dem heute der junge Techniker über die Vorschulen, Gymnasien und Hochschulen geführt wird, von allergrößtem Werte, — ja, er kann für den Durchschnitt geradezu als unerläßlich angesehen werden — aber die eigentliche Ausbildung und Reifung, die ihn erst befähigt, seinen besonderen Aufgaben gerecht zu werden, die beginnt überhaupt erst, wenn er mit der Fülle der Fragen, wie sie im Beruf auftreten, in unmittelbare Fühlung kommt. Eine Nachreifung im Beruf tritt in allen Berufsarten ein; aber in Fällen der zuletzt gedachten Art, — vor allem auf dem Gebiet des Patentwesens — ist sie geradezu ausschlaggebend und erlangt bei richtiger Führung einen großen Umfang.

Im allgemeinen wird die Bedeutung dieser beruflichen Sonderreifung um so größer sein und der Unterschied des Gereiften gegenüber dem weniger Gereiften wird um so mehr in die Augen springen, je verwickelter die Aufgaben sind, um deren Bewältigung es sich handelt, und je höher der Konzentrationsgrad ist, der zu ihrer Bewältigung erforderlich ist.

Schreiber, Zeichner, Rechner, die eine ausreichende Vorbildung haben, können vielleicht schon nach einem halben bis ganzen Jahr beruflicher Tätigkeit ihrem Bestwert sehr nahe kommen. Bei Ingenieuren wird man mit einer 2—3jährigen Nachreifung rechnen müssen. Bei Patentingenieuren, die den oben ausführlich geschilderten, sehr verwickelten Ansprüchen genügen sollen, kann die Sonderreifung überhaupt erst erfolgreich beginnen, nachdem der Betreffende einige Jahre als Ingenieur tätig war, eine gewisse Reife erlangt und einige Welt- und Lebenserfahrung gesammelt hat. Alsdann erfordert sie noch eine ganze Reihe von Jahren. 5 Jahre ist dafür als eine Frist anzusehen, die nur für die gut Veranlagten, besonders Entwicklungsfähigen ausreicht. Die Reifung geht auch nach dieser Zeit noch merkbar weiter. Gerade der tüchtige Mensch wird nie „fertig". Nur steigt die Entwicklungskurve später weniger steil an.

Die Steigerung der Menge der Leistung, die durch die Reifung im Durchschnitt erzielt wird, ist ebenso wie die Gütesteigerung um so größer, je verwickelter und schwieriger die beruflichen Aufgaben sind und je größer die Hemmungen, die zu ihrer Bewältigung zu überwinden sind. Bei Schreibern, Zeichnern usw. mag die Steigerung im Durchschnitt auf das $1\frac{1}{2}$—2fache führen. Bei Patentingenieuren kann sie auf sehr viel höhere Werte kommen. Langjährige Erfahrung und zahlenmäßige Aufzeichnung hat ergeben, daß eine Steigerung der Leistungsmenge auf das Zehnfache durchaus erreichbar ist, ja oft überschritten wird.

4. Die schöpferische Einstellung.

Vorläufige Abgrenzung — Beispiele: Lesen — Musik — Rechtskunde. Gegenbeispiele: Knechtung durch das Wort — Genauere Abgrenzung — Das Freimachen unterbewußter Quellen, Zielgefühl — Versuche — Erster Versuch — Zweiter Versuch — Dritter Versuch — Übergang zu höheren Leistungen — Das Wesentliche dieser Vorgänge — Grenzfälle — Der Regelfall — Zielbewußtsein — Erlernbarkeit.

Nach diesen Vorbereitungen können wir nun versuchen, den Vorgang zu schildern, der für den Erfolg der geistigen Arbeit, besonders bei verwickelteren Aufgaben, entscheidend ist. Wir setzen dabei voraus, daß dem Geistesarbeiter die geistigen Energiequellen ausreichend zu Gebote stehen, von denen wir weiter oben sprachen. Wir nehmen auch an, daß er die Kenntnisse, Erfahrungen und Kunstregeln seines Arbeitsgebietes beherrscht und daß ihm die Gesetze der Logik und der Dialektik in

Fleisch und Blut übergegangen sind. Nicht jene Kenntnisse, nicht die Schulung der Logik, nicht die Kunstregeln der Dialektik, kurz: nicht das Verstandesmäßige, „Rationale", allein ist entscheidend für das schöpferische Arbeiten, sondern ein eigenartiges, psychologisches Verhalten, das unterbewußte Kräfte freimacht. Es kann erst auf dem Boden der Reifung (die wir im vorigen Abschnitt betrachteten) wirksam werden und ist durchaus „irrationaler" Art[1]). Wir wollen es kurz die „schöpferische Einstellung" nennen.

Die Vorgänge, die ihr zugrunde liegen, sind sehr verwickelt und lassen sich nicht leicht voraussetzungslos schildern. Manchem fällt jene „Einstellung" fast von selbst zu, einem anderen ist sie das instinktive Ergebnis langjähriger Übung. Wer sie zu finden weiß, gibt sich nur selten Rechenschaft darüber. Wem es aber gelingt, sich über die Richtung klar zu werden, in der er vorwärts gehen muß, der wird schneller und weiter vordringen. Die Richtung auf das Ziel können wir sehr wohl finden und können sie immer genauer festlegen, indem wir stufenweise vorgehen und uns dabei jeweilig nur auf Erfahrungen stützen, die jedermann leicht zugänglich sind. Diesen Weg wollen wir eine Strecke weit verfolgen.

Wir wollen zunächst das, was wir unter schöpferischer Einstellung verstehen, an einigen Beispielen erläutern, um dann einige Hauptmerkmale hervorzuheben und so wenigstens in groben Zügen das Wesen dieser Einstellung zu kennzeichnen.

Ihre Bedeutung und Eigenart tritt erst dann im vollen Umfang hervor, wenn es sich um „verwickelte" Aufgaben handelt, bei deren Behandlung gleichzeitig viele Einzelheiten und verwickelte Beziehungen zwischen diesen berücksichtigt werden müssen, so daß die Aufgabe nur als ein Ganzes behandelt werden kann, sich also nicht in eine Vielzahl von einfachen Teilaufgaben zerlegen läßt, die sich nacheinander und weitgehend unabhängig voneinander lösen lassen.

[1]) Diese „Irrationalität" bezieht sich hier zunächst nur auf die instinktmäßige, intuitive Art, wie die Arbeitsergebnisse gewonnen werden, nicht auf die Ergebnisse selbst. Soweit sie auf wissenschaftliche Richtigkeit und Strenge besonderen Anspruch erheben, wird immer verlangt, daß sie sich jetzt oder später in den Zusammenhang unserer Erfahrung streng verstandesmäßig eingliedern („rationalisieren") lassen. Wenn es sich um Fragen handelt, in denen man vorerst nur durch Einfühlen in verwickelte Zusammenhänge weiterkommen kann, wie in vielen Fragen des täglichen Lebens und des Verkehrs der Menschen miteinander; oder wo es sich vorwiegend um die Darstellung von Gefühlswerten handelt, wie in der Kunst, da wird das Irrationale auch in den Arbeitsergebnissen vorherrschen. Selbst die strenge Wissenschaft kann es nicht ganz entbehren, wie die Hypothesen und Fiktionen beweisen, ohne die man in der wissenschaftlichen Erkenntnis nicht weiterkommt.

Der Mensch hat nur ein beschränktes Fassungsvermögen. Wenn er in verwickelten Dingen die Herrschaft erringen und behalten will, so muß er sich auf das konzentrieren, was das Wichtigste ist. Hat man einen Leitgedanken, so läßt sich alles viel leichter überschauen, was damit im Zusammenhang steht, und man hält die Fäden viel sicherer in der Hand, die zu allen möglichen Einzelheiten führen. Die Einzelheiten drängen sich uns meist zuerst auf und verwirren uns. Man muß es verstehen, über die Einzeldinge hinaus den Blick auf das Wesentliche, Tieferliegende zu richten, um von da aus das Einzelne und seine Zusammenhänge zu verstehen.

Was das bedeutet, das können wir an einfachsten Beispielen alltäglich erfahren. Wir haben schon in anderem Zusammenhang daran erinnert, wie wir beim Lesen über die einzelnen Buchstaben hinweg unmittelbar zu Begriffen und Gedankenverbindungen vorzudringen gelernt haben. Der Buchstaben werden wir uns gar nicht mehr bewußt. Hierbei wird man allerdings von einer schöpferischen Einstellung noch nicht reden; aber es ist ein ihr eng verwandtes Verhalten, das uns dabei leitet.

Die Tonkunst bietet ein Beispiel, das sehr vielen geläufig sein wird und das an einem etwas verwickelteren Vorgang zeigt, auf was es insbesondere bei der „schöpferischen Einstellung“ ankommt. Zweierlei ist es, was uns beim Musizieren, z. B. beim Klavierspielen, leitet: die Noten und — sagen wir kurz: der schöpferische Geist. Der Anblick der Noten löst bei einem geübten Spieler schon mehr oder weniger die richtigen Griffe aus, ohne daß er sich der Noten noch einzeln bewußt zu werden braucht. Insoweit ist es hier ähnlich wie beim Lesen. Ein gewandter Spieler kann sogar unter Führung der Noten und der Betonungszeichen ein ganz leidliches Spiel zustandebringen, selbst wenn er nur äußerlich die Vorschrift abspielt und der Geist fast ganz unbeteiligt ist.

Ganz anders wird das Spiel, wenn der Spieler innerlich, lebendig, gewissermaßen schöpferisch zu spielen beginnt. Eine neue Energiequelle wird frei. Wohl stehen noch die Noten als Führer vor ihm, aber sein Geist dringt über die Vorlage hinaus in die Tiefe und fördert aus eigener Kraft Schätze zu Tage. Er spielt nicht mehr die Noten ab, sondern er gießt inneres Erleben in die äußere Form der Vorschrift, die nun ganz in seinem Bewußtsein untertaucht. Jetzt schafft er tausend Feinheiten, die nimmermehr in den Noten niedergelegt werden können. Er erlebt die Musik und versinnlicht dieses eigene innere Erleben durch die Töne.

Das Merkwürdigste hierbei ist aber, daß er nun auch das Spiel selbst viel leichter meistert. Die Widerstände sind geschwunden. Er ist frei und herrscht über den Stoff. Das ist ein Unterschied wie Tag und Nacht, wie Leben und Tod, wie Geist und Maschine. Wird der Spieler aus seiner schöpferischen Einstellung herausgerissen, dann kann es vorkommen, daß er wieder an den Noten klebt; sie quälen ihn; er ist ihr Knecht und nicht mehr ihr Herr. Er wird vielleicht trotzdem die Notenvorschrift noch vollendet spielen, aber der feinfühlige Hörer empfindet sofort, was bloße Fertigkeit und was Geist ist.

Man kann ähnliche Beispiele auf allen Gebieten finden. Es gibt Rechtskundige, die nur nach dem Buchstaben des Gesetzes, nach Gerichts-Entscheidungen und nach fremden Auslegungen denken. Sie sind bloße Notenspieler. Sie humpeln mühevoll an den Krücken fremder Gedanken fort und wissen kaum, daß auch eine eigene, lebendige Geistestat möglich ist und förderlich sein kann.

Die Gefahr, solcher Hemmung zu verfallen, ist auf dem Gebiet des Rechts ganz besonders groß, weil hier die „Noten" sehr gewichtig und eindringlich die Führung aufdrängen. Im Patentwesen aber steigert sich noch die Gefahr, weil hier der Spieler gewissermaßen auf mehreren Instrumenten gleichzeitig nach schwierigen Noten eine Symphonie spielen soll. Das ist zwar durchaus möglich, erfordert aber Anlage und viel Übung. Wer erfolgreich auf diesem Sondergebiet arbeiten will, muß sich immer seiner eigenen Schöpferkraft bewußt sein und alles von sich fernhalten, was deren freie Entfaltung hemmt.

Ein Fehler dieser Art ist es z. B., wenn er sich von anderen, aus deren Gedankenwelt er den Rohstoff für seine Arbeit schöpfen soll, schriftliche Ausarbeitungen geben läßt. Die Gefahr, an dem fremden Wort zu kleben, ist bei dem geschriebenen Wort noch sehr viel größer als bei dem gesprochenen. Das geschriebene Wort steht viel starrer vor uns als das gesprochene, das im lebendigen Verkehr viel leichter und tiefer eindringt und, wenn es verhallt ist, den äußeren Sinn nicht mehr fesselt. Einen Hauch der Gewaltherrschaft, die das geschriebene Wort sich über den Geist anmaßt, fühlt man ja auch, wenn man einen Vortrag mit anhören muß, den der Vortragende abliest, statt ganz frei zu reden. Von denen, die in die Lage kommen, vorzulesen, gelingt es nur ganz wenigen, diese Knechtschaft abzuschütteln und die freie, schöpferische Einstellung zu finden.

Diese Beispiele umschreiben nach verschiedenen Richtungen hin die Wirkung der schöpferischen Einstellung, auf die es uns ankommt. Über ihr Wesen geben sie zunächst keinen Aufschluß. Wir können ihm aber nun vielleicht etwas näher kommen.

Die schöpferische Einstellung ist ein geistiges Verhalten sehr verwickelter Art, das sich nicht mit wenigen Worten begrifflich abgrenzen läßt. Von dem Versuch einer scharfen Begriffsbestimmung müssen wir hier Abstand nehmen. Aber einige für uns besonders bedeutungsvolle Merkmale können wir jetzt hervorheben. Die Beispiele lassen zunächst erkennen, daß es überall die aus unterbewußten Quellen hervorbrechenden Energieströme sind, die den Geist bei seiner schöpferischen Arbeit tragen. Sie beruhen, wie wir sahen auf der durch allmähliche Reifung gewonnenen Erfahrung und Übung.

Dieser unterbewußte Geistesschatz des Menschen ist nun fast ausnahmslos sehr viel reicher, als der einzelne selbst es ahnt, und bei der schöpferischen Einstellung kommt es wesentlich darauf an, die hemmenden Gefühle und Vorstellungen aus dem Wege zu räumen, um die unterbewußten Quellen zum Fließen zu bringen. Dieser Reichtum sowohl als die Möglichkeit, durch ein bestimmtes geistiges Verhalten ihn zu heben, das sind psychologische Tatsachen, die fast jeder selbst erleben kann, die wir aber nicht in ihre letzten Elemente zu zergliedern vermögen.

Die schöpferische Einstellung besteht zunächst in einem vorbereitenden Verhalten des Geistes, der in einem mehr oder weniger unbestimmt umrissenen Vorstellungskreis das Emportauchen von solchen Vorstellungen erwartet, die zu einem vorgestellten Ziel in Beziehung stehen. Diese Erwartung begünstigt das Emportauchen der Vorstellungen und macht den Geist besonders aufnahmefähig für alles, was in die wenn auch nur unbestimmt vorgestellte Richtung fällt oder an das Netz von gedanklichen Beziehungsfäden anstößt, das der Geist an einen Hauptgedanken, den er festhält, angesponnen hat.

Es ist ein Wachhalten und Aufhorchen des Geistes auf alles, was ein Mitschwingen in diesem Netz hervorrufen könnte; ein zielstrebiges Aufmerken und Bereithalten, durch das alle an dem Vorstellungskreis irgendwie beteiligten Nervenbahnen leichter gangbar werden. Dadurch werden — um es bildlich zu sagen — die Schleusen der unterbewußten Quellen geöffnet. Vieles kommt jetzt ans Licht, was zwar auch früher vielleicht schon oft empordrängte, aber keine freie Bahn fand und deshalb nicht über die Schwelle des Bewußtseins treten konnte. Jetzt sind die Wege frei und geebnet; oder wenn wir den Vergleich mit einem Saiteninstrument wagen wollen: bestimmte Gruppen von Saiten des Geistesinstruments sind schwingungsfähig gespannt, so daß sie schon bei einer leisen Berührung, die andernfalls wirkungslos geblieben wäre, ertönen.

Mit solcher Aufnahmebereitschaft muß sich dann freilich ein tätiges Aufnehmen, Vergleichen, Sichten, Nachdrängen verbinden, und bei allem muß immer der Zielgedanke festgehalten werden. Jenes, wenn auch zunächst nur unbestimmte Richtungsgefühl, das überhaupt erst die erfolgreiche schöpferische Einstellung ermöglichte, muß auch während der ganzen Arbeit Führer sein, um alle Gedanken in die rechten Bahnen zu leiten, rasch das Wesentliche vom Unwesentlichen zu scheiden, Fehlendes zu suchen, Unvollkommenes zu klären oder zu ergänzen. Dadurch erscheint dann auch dem Blick das Ziel immer klarer und bestimmter und der Weg dahin wird immer mehr eingeengt.

Es würde viel zu weit führen, wenn wir hier die sehr verwickelten, in jedem Fall sich anders abspielenden Vorgänge ausführlich beschreiben wollten. Solche Beschreibung würde auch nutzlos sein, falls etwa dem Leser gerade die entscheidende innere Erfahrung fehlte, ohne die eine Verständigung über eine bestimmte psychologische Frage nicht möglich wäre. Um zu solcher innerer Erfahrung hinzuleiten, seien einige besonders einfache Versuche angeführt, die zeigen, wie es möglich ist, eine von der sonst meist üblichen abweichende geistige „Einstellung" zu finden, die mit einem Schlage unterbewußte Fähigkeiten hervortreten läßt, die zuweilen der Betreffende selbst nicht in sich vermutete. Solche kleinen inneren Erlebnisse können dazu beitragen, das Wesen der schöpferischen Einstellung auch denen verständlicher zu machen, die der Meinung sind, diese Einstellung beruhe auf geheimnisvollen Gaben, die dem einen verliehen sind, dem anderen nicht; sie sei ein Vorzug des „Genies". Vielleicht vermögen diese jedermann zugänglichen Versuche die Überzeugung zu vermitteln, daß jene Einstellung zielbewußt von jedem mit Aussicht auf Erfolg erstrebt werden kann; vielleicht vermögen sie auch im Zusammenhang mit dem schon Gesagten einen Fingerzeig zu geben, wie sie erreichbar ist.

Ich bezeichne auf einem Bogen Papier zwei Punkte, die etwa 40—50 cm Abstand haben. Ich will aus freier Hand eine gerade Linie vom einen zum anderen ziehen. Wie pflegt man das zu machen? Ich sehe bald nach dem einen, bald nach dem anderen Punkt, dann nach meiner zeichnenden Hand und nach der Bleistiftspitze, verfolge die entstehende Linie, ob sie auch gerade wird, und sehe inzwischen wieder nach den Endpunkten, ob ich auch die Richtung habe. So entsteht allmählich meine Linie. Aber es ist meist eine üble Zickzacklinie. So machen es die meisten, und so ist es verkehrt.

Jetzt mache ich es zum zweiten Mal und anders. Ich setze den Bleistift im Anfangspunkt an, fasse sofort den Endpunkt ins Auge und lasse ihn nicht mehr los. Ich strebe nun entschlossen mit dem Bleistift nach dem Endpunkt zu, den mein Auge als Zielpunkt unentwegt festhält. Ich denke dabei nur an diesen Punkt, nicht mehr an die Hand und an die Bleistiftspitze. Es geht. — Wer es freilich zum ersten Male so versucht, der hat das Gefühl, daß er alles verkehrt machen müsse, weil er die Hand nicht mehr mit dem Auge verfolgt. Aber die Hand wird von einer unterbewußten Kraft überaus geschickt gelenkt, wenn wir oberbewußt nur das Ziel scharf denken mit dem Willen, es zu erreichen.

Ein anderes Beispiel. Ich will eine Reihe einstelliger Zahlen zusammenzählen. Ich stelle mir die erste Zahl vor und dann die zweite und überlege, wenn auch nur kurz, wie weit ich komme, wenn ich zur ersten so viel Einheiten zufüge, wie die zweite angibt. Zu der erhaltenen Summe zähle ich dann ebenso die nächste Zahl hinzu und so fort. Dabei muß ich immer die Zahlwerte deutlich genug vorstellen und darf mich nicht ablenken lassen. Das ermüdet ziemlich, und zuweilen verliere ich ganz den Faden; dann muß ich noch einmal anfangen. — Das ist nun wiederum ein Weg zum Ziel, der zwar am meisten begangen, aber unvorteilhaft ist.

Es gibt einen viel bequemeren. Die Zahlvorstellungen und die Wertunterschiede nahe beieinander liegender Zahlen sind fast bei jedem gebildeten Menschen so tief im Unterbewußtsein „eingeschliffen", daß wir bei so einfachem Rechnen das Nachdenken und überhaupt das oberbewußte Vorstellen der Zahlwerte gar nicht mehr brauchen. Es stört uns nur bei der Arbeit. Lassen wir den Blick von Zahl zu Zahl wandern und sprechen „blind", ohne Besinnen, die sich jeweilig uns auf die Lippen drängende, durch den Anblick der nächstfolgenden Zahl ausgelöste Summenzahl in Gedanken vor uns hin, so kommen wir rasch und sicher und ohne Ermüdung zum Ziel. Wer es zum ersten Male so versucht, der glaubt nicht recht daran; er schwankt, wird an sich irre, und der Zauber ist durchbrochen. Man habe aber nur erst Vertrauen zu den eigenen unterbewußten Quellen und stelle sich lediglich auf das Endziel ein, nicht auf die Mittel, die dahinführen. Das Grübeln über diese Mittel ist die schwerste Hemmung für das Flüssigwerden der unterbewußten Quellen[1]).

Ein drittes Beispiel kann uns noch eine andere Seite offenbaren. Die Aufgabe sei, einen etwas verwickelteren Linienzug, irgendeinen Schnörkel oder dergl., nach einer Vorlage möglichst genau mit dem Bleistift auf einem Blatt Papier wiederzugeben. Die meisten gehen so vor, daß sie zuerst die Vorlage ansehen, sich einen Teil des Linienzuges einprägen, dann auf ihr Zeichenblatt sehen und das erste kleine Bruchstück aus der noch frischen Erinnerung wiederzugeben suchen. Dabei lassen sie den Blick öfter zur Vorlage und zurück wandern, um sich der Übereinstimmung zu vergewissern. So nehmen sie einen Teil nach dem anderen vor, vergleichen immer wieder, und gehen unsicher tastend bis zu Ende. Dann müssen sie oft genug erkennen, daß die Größen- und Lageverhältnisse

[1]) Vgl. hierzu das S. 49, 54 u. 56 Gesagte.

der einzelnen Teile ihrer Zeichnung recht wenig zueinander und zur Vorlage passen.

Statt dessen gehe man nun einmal so vor: Man setze den Bleistift auf das Zeichenpapier und richte dann den Blick ausschließlich auf die Vorlage. Man fahre jetzt mit dem Blick an der ganzen Linie der Vorlage entlang, so, als ob man jeden Punkt genau in sich aufnehmen wolle. Gleichzeitig aber lasse man die Hand mit dem Bleistift genau so über das Zeichenpapier wandern, wie der Blick über die Vorlage wandert, und zwar ohne seine besondere Aufmerksamkeit auf die Hand zu lenken und ohne danach hinzusehen. Dies Zeichnen mag so schnell geschehen, wie der Blick die Linie in ihrer genauen Form fortlaufend in sich aufzusaugen vermag: Die sich selbst überlassene Hand zeichnet dann rasch und sicher von selbst nach der Vorlage.

Ein nächst höherer Grad der Leistung: Man stelle sich ein Liniengebilde genau im Geiste vor und benutze diese Vorstellung ebenso wie vorhin die gezeichnete Vorlage. Die Augen kann man dabei schließen. Man verfolge das vorgestellte Bild von Punkt zu Punkt und lasse genau gleichzeitig die Hand das Bild „unbesehen" zu Papier bringen. Nach kurzer Übung wird man zumeist überrascht sein über die eigene Leistung.

Auch dies läßt sich noch weiter steigern, wenn man sich etwas übt. Sehr viele können es dahin bringen, ein nur vorgestelltes Bild so stark festzuhalten, daß sie auch beim Hinblicken auf das Zeichenpapier der Einzelheiten noch genügend Herr sind[1]). Man sieht dann zumeist nicht scharf auf das Papier, sondern sieht gewissermaßen durch das Papier hindurch das Bild; oder aber, man stellt sich das Bild auf der Papierfläche selbst vor. Im einen wie im anderen Fall kann man es, wenn man sich ganz auf das Bild konzentriert, unmittelbar mit der sich selbst überlassenen Hand nachzeichnen. Selbst der nur wenig zeichnerisch Veranlagte offenbart hierbei oft eine viel größere schöpferische Kraft, als er selbst in sich vermutete.

Die millionenfachen Eindrücke der Umwelt gehen eben an keinem Menschen spurlos vorüber. Sie hinterlassen tiefe Einschliffe, die bei unserer meist viel zu sehr auf Nebendinge gerichteten Alltagseinstellung nur nicht zur vollen Wirkung gelangen können.

Beseitigt man planmäßig die störenden Nebengedanken und Vorstellungen, so kann selbst bei beschränkten Personen geradezu eine

[1]) Das gelingt keineswegs nur den vorzugsweise optisch oder optisch-motorisch veranlagten Menschen, wenngleich es diesen meist ohne längere Übung erreichbar ist.

höhere schöpferische Kraft vorgetäuscht werden. Das geschieht besonders leicht unter Verhältnissen, unter denen man eher alles andere hätte erwarten sollen. Die merkwürdigen Äußerungen der sogenannten „mediumistischen“ Kunst (Schlaftänzerinnen; malende, dichtende Medien) gehören zum guten Teil hierher. Hier erscheint der Vorgang geradezu als Einengung des Bewußtseins. Das ist indessen nicht das Entscheidende. Wesentlich ist die Beseitigung von hemmendem Ballast, um das Spiel der unterbewußten Fähigkeiten einzuleiten; den Geist dadurch gleichzeitig für die Oberleitung und überhaupt für alles das frei zu machen, was das zwangläufige Getriebe der unterbewußten Einschliffe nicht von selbst hergeben kann.

Die Einstellung des Geistes auf die Hauptsache, auf die bloße „Oberleitung“, kann in dem dritten oben geschilderten Fall schon geradezu als „schöpferisch“ auch im strengeren Sinn bezeichnet werden. In den beiden ersten Fällen wird man diese Bezeichnung nicht gern anwenden wollen; aber dem Wesen nach läuft das, was dort geschieht, doch auch schon auf etwas hinaus, das dem gleichartig ist, was wir in verwickelteren Arbeitsvorgängen „schöpferisch“ nennen. Die Wirkung ist im einen wie im anderen Fall die gleiche: Die ganze „eingeschliffene“, dem Betreffenden sonst selbst kaum bewußte Übung, Erfahrung, Geschicklichkeit wird flüssig gemacht und arbeitet unter Oberleitung des nun entlasteten, frei herrschenden und verfügenden Geistes ohne nennenswerte Ermüdung und so, daß alles dem Endziel sicher entgegengeführt wird.

Bei den besonders im zweiten Beispiel erwähnten und ähnlichen Vorgängen einfachster Art, bei denen dem Oberbewußtsein keine verwickelteren Leistungen über das längst „Eingeschliffene“ hinaus zugemutet werden, kann es vorkommen, daß eine gewisse Gleichgültigkeit oder durch Ermüdung bedingte Stumpfheit und Einengung des Bewußtseins den Arbeitsvorgang nicht nur nicht stört, sondern geradezu fördert. Es wird z. B. in der Literatur glaubhaft berichtet, daß jemand einen Vortrag, bei dem er einschlief, schlafend weiter nachschrieb; es ist eine tief eingeschliffene Tätigkeit, die man völlig dem Unterbewußtsein überlassen kann. Es kommt ferner vor, daß jemand in einer Art Halbschlaf besonders flott weiter Zahlenreihen addiert, weil die oberbewußte, hierbei ganz überflüssige und nur hemmende Spannung geschwunden ist. Sobald der Betreffende wieder schärfer auf den Arbeitsvorgang selbst zu achten beginnt, kommen die Hemmungen wieder.

Das sind Grenzfälle. Sie sind aber lehrreich. Bei eintönigen Dauerleistungen tritt aus ähnlichen Ursachen leicht ein Auf und Ab der Leistung ein; gar manches, was man bei wissenschaftlicher Untersuchung solcher Dauerarbeiten der „Übung“ zuschreibt, wäre viel eher mit einer Ermüdungserscheinung in Zusammenhang zu bringen.[1])

Da, wo es sich um sehr verwickelte geistige Leistungen handelt, spielen freilich die oberbewußten Vorgänge eine zu große Rolle, als daß man dabei eine Förderung durch Ausschalten des Oberbewußtseins erwarten könnte. Bei solchen Leistungen müssen alle guten Kräfte bereitgehalten werden, und man muß mit Entschlossenheit allen zusammengehörigen Gedanken nachgehen. Die „schöpferische Einstellung“ ist dann weit schwerer zu finden. Sie läuft aber auch hier im Grunde genommen immer darauf hinaus, daß man die Richtung auf das Wesentliche, auf das Ganze, auf das Endziel sucht und sie bei allem Nachdenken einheitlich und unbeirrt beizubehalten trachtet. Sind nun die unterbewußten Quellen gut ausgebaut, dann werden sie jetzt wirksam mit ähnlichen Erfolgen, wie in den angeführten einfachsten Beispielen, nur sind die Verhältnisse dann viel verwickelter.

Was wir hier geben können, ist nur ein Wegweiser, der in die richtige Spur leiten soll. Das „Zielbewußtsein“, das bei unseren Erläuterungen als wichtiges Merkmal in den Vordergrund trat, ist nur Teilerscheinung der schöpferischen Einstellung, aber wohl die verständlichste und wichtigste. Erfolge werden auf die Dauer nur von dem erzielt, der gewöhnt ist, sein Ziel stets scharf im Auge zu behalten; der seinem Zielgedanken alles unterordnet; sich nicht durch Nebensächliches vom Wege ablenken läßt; nicht die Mittel an Stelle des Zieles denkt. In anderem Zusammenhang sind wir bereits im vorigen Kapitel auf diese Frage gestoßen.

Die Erfolgsmenschen des Lebens sind oft recht einfache Geister, deren ganze Stärke in der unentwegten Vorherrschaft ihrer Zielgedanken liegt. Ihr Blick ist frei für die angemessensten Mittel und für die günstigsten Umstände ihrer Anwendung. Ihnen steht eine Überzahl von Menschen anderer Art gegenüber, die regelmäßig zuerst an das Nebensächliche denken. Entweder verweilen sie bei Einzelheiten, über denen sie das Ziel vergessen, oder sie lähmen von vornherein ihre Entschlußkraft durch unnützes Grübeln über einen möglichen Mißerfolg, oder gar durch Fragen: „Wie könnte ich mich den Unbequemlichkeiten dieser Aufgabe vorerst entziehen?“ Das gilt übrigens nicht nur für den einzelnen Menschen, sondern auch für den Geist einer Organisation, ja eines ganzen Volkes; für seine Erfolge und sein Wohlergehen.

Es wäre eine Plattheit, hier über dieses Übel zu reden, wenn nicht gerade bei hochkonzentrierter Arbeit schon ein kleiner Mangel dieser

---

[1]) Vgl. S. 33, Fußnote.

Art verhängnisvoll werden könnte, und wenn es sich nicht um Eigenschaften handelte, die man sich innerhalb weiter Grenzen geben und nehmen kann, wenn man erst auf ihre überragende Bedeutung aufmerksam geworden ist.

Aus allem Gesagten geht hervor, daß das Finden der schöpferischen Einstellung keineswegs nur Sache der Veranlagung sei. In mindestens demselben Maße, wie von der Veranlagung hängt die Fähigkeit zum Finden jener Einstellung von der Schulung ab, die durch langjährige Geistesarbeit auf einem Gebiete sich oft von selbst einstellt, durch planmäßiges Vorgehen aber sehr viel rascher und vollkommener entwickelt werden kann.

Die Entwicklung der Fähigkeit zur schöpferischen Einstellung auf einem besonderen Gebiet geht am besten Hand in Hand mit der Entwicklung der allgemeinen Schulung und Erfahrung auf diesem Sondergebiet. Bei dieser Schulung gehen jene wichtigen Veränderungen mit dem Menschen vor sich, die wir Reifungsvorgänge nannten. Sie machen erst den schöpferischen Quell ergiebig.

Über die Art, wie im Betrieb einer Patentabteilung die angehenden Patentingenieure in diesem Sinne zur Reifung und möglichst auch zur schöpferischen Einstellung zu führen sind, ohne daß störend in die sonst übliche und notwendige Form des Zusammenarbeitens und des Verkehrs eingegriffen wird, darüber soll das nächste Kapitel das Wichtigste bringen.

IV. Die Organisation der Patentabteilung des Siemenskonzerns.

Allgemeines.

Grundforderungen — Natur als Lehrmeisterin — Natürliche Organisation — Allgemeine Richtlinien.

Die Organisation dient dazu, eine Mehrzahl von Menschen zu einer Arbeitseinheit mit gemeinsamem Ziel zusammenzuschließen, mit Hilfsmitteln auszurüsten und alles so zu gestalten, daß das Arbeitsziel vollkommen erreicht wird. Dieses Arbeitsziel muß man klar vor Augen haben, wenn man eine gute Organisation schaffen will, und man muß genau die Bedingungen kennen, unter denen Höchstleistungen jedes einzelnen im Zusammenspiel aller in der Organisation wirksamen Kräfte erzielbar sind.

Soll die Organisation einem auf Erwerb gerichteten Unternehmen dienen, so wird regelmäßig verlangt, daß das Ziel mit kleinstem Aufwand an Zeit, Arbeit und Kosten erreicht wird. Wenn es, wie im Patentwesen, geeignete Kräfte nur in beschränkter Anzahl gibt, so kommt man ganz von selbst zu dem Grundsatz, alles so einzurichten, daß mit kleinstem Aufwand größte Wirkungen erzielt werden; denn man wird alsdann das Ziel überhaupt nur erreichen können, wenn man die vorhandenen, an Zahl beschränkten Kräfte aufs wirksamste ausnutzt, also die Kraft jedes einzelnen durch planmäßige Schulung möglichst hoch entfaltet, hochwertige Kräfte möglichst nur zu hochwertiger Arbeit heranzieht und jedem für seine Arbeit die günstigsten Bedingungen schafft.

Wie alles am besten zu ordnen ist, dafür kann die Natur Lehrmeisterin sein, die ja in unserem menschlichen Organismus ein verwickeltes Getriebe geistiger Arbeit von großer Vollkommenheit geschaffen hat. Die Organisation baut gewissermaßen diesen menschlichen Organismus für einen bestimmten Zweck weiter aus, um nach Güte und Menge mehr zu erreichen, als einem einzelnen möglich ist. Dabei kommt alles auf die feinfühlige Gliederung an. Würde man ohne weitere Gliederung bloß die Anzahl der Arbeitenden vermehren, so würde nicht einmal die Menge der von allen zusammen geleisteten Arbeit im Verhältnis der Anzahl der Mitarbeiter steigen, denn die Erfahrung zeigt bei rein äußerlicher Vereinigung mehrerer, ähnliche Arbeiten Verrichtender fast immer ein starkes Sinken der Leistung des einzelnen; wenigstens gilt das dann, wenn es sich um Arbeiten handelt, die hohe Konzentration erfordern. Das liegt zum Teil in äußeren Verhältnissen begründet, vor allem aber in den gesetzmäßigen Erscheinungen der „Mengenseele", die sich in einigen Grundzügen wissenschaftlich streng verfolgen lassen.

Je verwickelter und schwieriger also die von der Organisation zu leistende Arbeit ist, desto sorgfältiger wird man gliedern müssen; desto enger und zielbewußter wird man sich an das von der Natur im Menschen selbst gegebene Vorbild anlehnen, um Höchstleistungen zu bekommen. Der Vergleich der Organisation einer Vielzahl von Menschen mit dem Arbeitsgetriebe des menschlichen Geistes und seines körperlichen Trägers ist also mehr als eine bloße lehrhafte Spielerei.

Ein wesentlicher Grundzug der Ordnung unseres körperlichen Werkzeuges geistiger Arbeit ist: Arbeitsteilung mit weitgehender Selbständigkeit einzelner Arbeitsgruppen, Übergang zu maschinenmäßigem, selbsttätigem Betrieb für alle sich oftmals in ähnlicher Art wiederholenden Arbeiten, und dann: Zusammenfassen aller geistigen Einzelwerte in einem einzigen Punkte zu hochkonzentrierter Leistung.

Das körperliche Gebilde, auf dem die menschliche Geistestätigkeit beruht, stellt ein sehr verwickeltes Gefüge von Nervenfasern und Nervenknoten dar, die sich in dem Hauptorgan, dem Gehirn, besonders dicht zusammenballen. Das Gehirn ist Träger des höheren Bewußtseins und Denkens. Ein Teil der Nerven mündet in Sinnesorgane, die äußere Eindrücke aufnehmen, diesen Stoff gesetzmäßig vorordnen und dem Gehirn zuleiten. Die Nervenknoten sind die Organe der mannigfaltigsten Verkettung von Empfindungen, Vorstellungen und triebartigen Regungen. Sie durchsetzen das ganze Nervennetz. Auf ihnen beruht wahrscheinlich das Erinnerungsvermögen und die „unterbewußte" geistige Selbsttätigkeit, von der wir schon wiederholt sprachen.

Eine Organisation, die hochwertige, verwickelte Geistesarbeit leisten soll, wird den geistigen Kräften, aus denen sie sich zusammensetzt, feste Bahnen vorzeichnen und wird sie alle geschickt zusammenschließen. Sie wird auf der einen Seite weitgehende Zwangläufigkeit und Starrheit besitzen, um dafür auf der anderen um so größere Freiheit und Selbständigkeit zu gewährleisten. Sie wird einerseits ein in scharfer Gliederung und Teilung arbeitendes Gefüge von Hilfsstellen darstellen, mit vielfach verwickelten, mehr oder weniger starren Einrichtungen, die bis zu gewissem Grade zwangläufig miteinander verkettet sind. Andererseits wird sie im Sinne des oben herangezogenen Bildes ein „Gehirn" haben müssen, das die allgemeinen Weisungen für die Hilfsstellen gibt und deren Arbeitsergebnisse zusammenfaßt und freischaffend zu einer Hochleistung verarbeitet.

Die dem oberbewußten Denken und Schaffen des menschlichen Gehirns entsprechende Tätigkeit wird sich nun auch in der Organisation schließlich jeweilig nur ungeteilt in einem einzigen menschlichen Gehirn vollziehen können. Für diese letzte und höchste Auswirkung der Organisation ist eine Arbeitsteilung nicht möglich. Wohl kann zur Bewältigung verschiedener bis zu gewissem Grade voneinander unabhängiger ähnlicher Aufgaben, also zur Bewältigung der Arbeits*menge*, eine Mehrzahl gleichsinnig Arbeitender nebeneinander stehen, die alle in derselben Art in dasselbe Getriebe der Hilfsstellen eingeschaltet und miteinander eng verbunden sind. Jede einzelne Arbeit aber, die aus dieser Gruppe hervorgeht, muß aus *einem* Guß sein. Die Leistung muß möglichst in einem einzigen Kopf in höchster Konzentration zustandekommen, wenn sie hochwertig sein soll. Dieses zentrale, oberbewußte Denken der ganzen Organisation des Patentwesens wird dargestellt durch den Patentingenieur.

Wir werden hiernach drei Hauptgruppen ins Auge zu fassen haben:

1. den Patentingenieur als Glied der Organisation,
2. die Hilfsstellen; ihre Gliederung und Arbeit,
3. die Zwanglauf- und Verkettungseinrichtungen.

1. Der Patentingenieur als Glied der Organisation.

Über die Aufgaben des Patentingenieurs ist schon im zweiten Kapitel das Nötige gesagt; ebenso über die geistigen und sittlichen Eigenschaften, die er besitzen muß, um jene Aufgaben erfolgreich behandeln zu können. Dann haben wir im dritten Kapitel von der Eigenart hochkonzentrierter geistiger Arbeit überhaupt gesprochen und von den günstigsten Bedingungen ihres Zustandekommens. Nunmehr fragt es sich, wie im Rahmen einer Organisation solche Leistungen des Patentingenieurs am vollkommensten zu verwirklichen sind.

a) Einflüsse der Organisation auf sein Wirken.

Höchstmögliche Unabhängigkeit — Mengenpsychologische Erscheinungen — Hörigkeit — Psychologische Bedeutung der Hörigkeit — Gegenmaßnahmen — Praktische Grenzen.

Welchen besonderen Bedingungen unterliegt der Patentingenieur bei Ausübung seiner Tätigkeit dadurch, daß er mit anderen zusammenwirken muß?

Der Patentingenieur steht im Mittelpunkt der Organisation. Er soll so frei und so selbständig wie möglich sein. Die ganze übrige Organisation soll sich ihm anpassen, nicht er sich jener. In ihm vereinigen sich mittelbar oder unmittelbar alle Aufgaben der ganzen Abteilung; auf ihm ruht zuletzt alle Verantwortung für deren richtige Erledigung. Er stellt im Organismus der Abteilung vornehmlich das zusammenfassende Oberbewußtsein dar. Wenn also der Patentingenieur alle sonstigen Vorbedingungen erfolgreicher Arbeit erfüllt, wie sie sich aus dem Vorausgegangenen ergeben, so kommt es wesentlich nur noch darauf an, daß die anderen Glieder der Abteilung ihm geschickt zuarbeiten. Insofern werden wir uns hier weniger mit den besonderen Bedingungen zu befassen brauchen, denen er selbst im Betrieb unterliegt, als mit denen, die für die anderen Glieder der Abteilung maßgebend sind.

Dennoch aber können auch für den Patentingenieur eigenartige und wichtige Einflüsse in Frage kommen, denen er vermöge seiner Einordnung in den Gesamtorganismus unterliegt. In der Regel wird nicht einer allein imstande sein, die in einem größeren Unternehmen vorkommenden, ihrer Art nach ausschließlich dem Patentingenieur zufallenden Arbeiten zu leisten. Er wird sich mit anderen Ingenieuren in die Arbeit teilen müssen. Dadurch kommt für ihn etwas Neues hinzu; eine menschliche Eigenart, die sich überall im Zusammenschluß mehrerer zeigt; die von großer Bedeutung für den Arbeitserfolg ist, aber bisher noch zu wenig beachtet worden ist. Erst in allerletzter Zeit fängt man an, den hierhergehörigen, dem erfahrenen Beobachter längst bekannten Erscheinungen mit naturwissenschaftlichem Rüstzeug planmäßig nachzugehen. Man faßt sie zusammen unter dem Namen „Psychologie der

Menge". Bei Arbeiten, die hohe Konzentration erfordern, treten sie besonders stark hervor, und wir dürfen sie darum nicht außer acht lassen.

Wir haben schon oben (S. 46; vgl. S. 63) einmal kurz darauf hingewiesen, daß zwei sonst gleichwertig Arbeitende, die man irgendwie aufeinander anweist — sei es auch nur rein äußerlich — keineswegs das Doppelte dessen leisten, was jeder für sich leisten würde. Es tritt eine Art Hörigkeit ein, die meist mit wachsender Zahl der zusammen Arbeitenden wächst und die mittlere Leistung des einzelnen an Güte und vor allem auch an Menge bedeutend herabsetzt. Bei manchen Menschen sinkt die Leistung unter solchen Verhältnissen weit unter die Hälfte des sonst Erreichbaren. Das beruht nicht etwa lediglich auf unmittelbaren gegenseitigen Störungen; es genügt schon das Bewußtsein jener äußerlichen, bedingten Abhängigkeit, die durch das bloße Zusammensein begründet ist. Alles, was dann weiter noch das Gefühl einer äußeren oder inneren Abhängigkeit vermehrt, steigert auch die Hörigkeit.

Allerdings, bei Arbeiten von geringerer geistiger Höhe und vor allem bei solchen, die mehr in die Augen springen, kann das Zusammensein mehrerer Gleichstrebender sogar zu besseren Leistungen des einzelnen führen. Bei höherer geistiger Arbeit dagegen, die wesentlich vom Grade der Konzentration abhängt, die auch nicht unmittelbar äußerlich wahrnehmbar ist und sich nicht in einen gemeinsamen Arbeitstakt mehrerer zwingen läßt, da wirkt es hemmend. Selbst wenn die Arbeitenden sich nicht durch Sprechen oder durch Bewegungen stören, liegt doch — wenn auch nur dunkel bewußt — in jedem der Gedanke an die anderen, an ihre Arbeit, an ihr Urteil. Ein dunkler Drang treibt jeden, sich dem anderen irgendwie anzupassen, und dieses dunkle, dem einzelnen fast unbewußte Sichhineindenken in die Seele des anderen hemmt den freien Geistesflug immerhin so viel, daß die Spitzenleistungen, auf die es gerade ankommt, sich senken.

Dazu kommt das Bewußtsein, nur einer von vielen zu sein, die alle mit am gleichen Strang ziehen. So erwächst das Gefühl geteilter Verantwortung des einzelnen hinsichtlich des Ganzen, und dies allein schon würde genügen, um den Aufstieg zum höchsten Grad der Konzentration und des Leistungswillens zu hemmen.

Die sehr verwickelten und mannigfaltigen Fäden, die sich so, dem einzelnen kaum bewußt, hin und her spinnen und die „Hörigkeit" ausmachen, die lassen sich freilich nur mittelbar durch Beobachten und planmäßig klärendes Fragen aufdecken. Aber die den Betrieb angehende, oben erwähnte Endwirkung dieser Hörigkeit, die Leistungsminderung, läßt sich leicht zahlenmäßig verfolgen, wenn man eine genügende Anzahl Geistesarbeiter zur Verfügung hat, die unter sonst ähnlichen Voraussetzungen arbeiten, und wenn man die Beobachtungsdauer nicht zu kurz wählt.

Aufgabe einer guten Betriebsführung wird es sein, den einzelnen vom Banne dieser Hörigkeit zu befreien; zu sorgen, daß ihn der Zusammenschluß nicht hemmt, sondern fördert. Am wirksamsten hierfür ist ihn zur Freiheit und Selbstverantwortlichkeit zu erziehen, so weit es irgend mit dem Endziel der Organisation verträglich ist.

Der reife Patentingenieur soll auch möglichst in einem Zimmer allein arbeiten, um sich ganz frei bewegen, frei mit Besuchern reden, frei diktieren zu können, wann und wie es ihm beliebt, ohne sich durch andere gefesselt zu fühlen. Als ich auf Grund meiner Sondererfahrungen vor einer Reihe von Jahren für die Vollingenieure ruhige Einzelzimmer forderte, um sie allen Störungen und vor allem den hemmenden Gruppenwirkungen zu entziehen, hatte ich recht schwere Kämpfe zu bestehen. Der Erfolg der schließlich durchgesetzten Maßnahme springt aber in die Augen, und die vorteilhaftere Ausnutzung gerade der tüchtigsten Kräfte macht sich so sehr bezahlt, daß demgegenüber der Mehraufwand an Arbeitsraum ganz verschwindet.

Anfänger freilich oder solche, die geistig oder sittlich die für einen Patentingenieur erforderliche Mindesthöhe nicht erreichen, die soll man nicht in dieser Weise absondern.

Vollkommen ist die Unabhängigkeit und Selbstverantwortlichkeit jedes einzelnen allerdings nie erreichbar. Besonders da, wo viele zusammengehörige Angelegenheiten einheitlich zu behandeln sind, kann es notwendig werden, daß mehrere Patentingenieure in engere Arbeitsgemeinschaft treten, wobei einer die Führung übernimmt. Aber auch dann soll keiner sich vom anderen mehr abhängig fühlen als unbedingt notwendig ist. Das Zusammenarbeiten soll mit dem Bewußtsein gleicher Verantwortlichkeit geschehen.

Andererseits darf aber auch das Gefühl der Zusammengehörigkeit nicht unterdrückt werden. Den richtigen Mittelweg zu finden, erfordert sicherlich viel Geschick und Menschenkenntnis, ist aber eine immer lösbare Aufgabe. An wichtigeren, vom Hauptsitz räumlich weit getrennten Stellen muß zuweilen der Patentingenieur wochen- oder monatelang allein arbeiten. Er darf auch dann nicht die Fühlung mit den anderen verlieren. Wir legen Wert darauf, daß er öfter für einige Zeit zum Hauptsitz zurückkehrt und daß nach Bedarf andere Herren zu seiner Unterstützung oder vorübergehenden Ablösung zu ihm kommen. Auf alle Fälle hat er, wie jeder andere, das ganze Hilfswesen der Abteilung, auf das wir noch zurückkommen werden, zu seiner Verfügung und fühlt sich schon dadurch enger mit der Gesamtheit verbunden.

b) Die Ausbildung des Patentingenieurs.

Ausbildung im eigenen Betrieb — Auslese der Geeigneten — Schwierigkeiten — Das Alter — Körperliche Veranlagung — Geistige Veranlagung — Bedeutung von Zeugnissen und Prüfungen. Leitung des Reifungsvorganges: Anzahl der Auszubildenden — Der Führer — Mitarbeit in den Hilfsstellen — Mitarbeit bei Erfahreneren — Die Entwicklungskurve — Freiheit und Verantwortlichkeit. Zusammenarbeiten — Besondere Aufgaben des Führers: Feinfühlige Leitung — Arbeitsfreude — Regelung der Belastung — Beseitigung von Hemmungen — Schöpferische Einstellung — Regeln für den Auszubildenden. Mündlicher Verkehr — Vielseitigkeit. — Geschäftliche Erfolge der „Schule" — Regelmäßige Zusammenkünfte — Deren Erfolge.

Wie ist der Patentingenieur betriebsmäßig für die Höchstleistungen heranzubilden, die man von ihm erwartet?

Wir haben im vorigen Kapitel schon den langjährigen eigenartigen Reifungsvorgang erwähnt, den der Patentingenieur durchmachen muß, um auf eine befriedigende Höhe der Leistungsfähigkeit zu kommen. Diese Reifung muß in der beruflichen Wirklichkeit geschehen und kann drum nur in einer Patentabteilung vor sich gehen. Am liebsten ist es uns, wenn es in der Patentabteilung unseres eigenen Betriebes geschieht. So wertvoll auch Erfahrungen sind, die ein Patentingenieur von anderswoher mitbringt, so ist doch zur Zeit noch vielfach die Ausbildung und die Arbeitsweise in anderen Betrieben so erheblich verschieden von der unserigen, daß der aus fremdem Betrieb zu uns kommende Patentingenieur in mancher Hinsicht neu ausgebildet werden muß. Dieser Neuausbildung setzt er zuweilen mehr Widerstand entgegen, als es sonst der Fall wäre. Es erweist sich uns deshalb meist als vorteilhafter, nur mit solchen Herren die Arbeit zu beginnen, die in bezug auf die Sonderaufgaben des Patentingenieurs als „unbeschriebenes Blatt" zu uns kommen. Das für jeden Neueintretenden erforderliche Einpassen in den vielverzweigten Bereich der Gedanken und der Betätigung des Konzerns würde so wie so viel Zeit in Anspruch nehmen, selbst wenn es ein in unserem Sinn ausgereifter Patentingenieur wäre, der zu uns kommt.

Die Aufgabe, geeignete Kräfte heranzuziehen, zu entwickeln und zu schulen, hat also gerade bei der Patentabteilung eine ungewöhnlich große Bedeutung. Die ganze Organisation hängt ja davon ab, ob es gelingt, in ausreichendem Maße solche Kräfte zu finden und zu schulen, die eine besonders eindringliche technische, rechtliche, wirtschaftliche Einsicht besitzen oder sie zu erwerben imstande sind, und die über solche geistige und sittliche Anlagen verfügen, wie wir sie im zweiten Kapitel geschildert haben.

Man hat es früher einmal ernsthaft bezweifelt, ob es möglich sei, diese grundlegende Aufgabe der Menschenbildung für die von mir geplante Patentabteilung überhaupt in ausreichendem Maße organisatorisch zu lösen. Ich meinte damals, daß es mindestens versucht werden müsse, da ein auch nur gradweises Erreichen des Zieles den Versuch lohnen würde, so daß er keinesfalls ganz vergeblich sein könne. Der Erfolg hat die vollkommene Durchführbarkeit des Planes erwiesen.

Augenblicklich allerdings klaffen als Nachwirkung des Krieges so große Lücken in unserer Organisation, daß wir noch viele Jahre lang zu tun haben werden, um wieder auf die frühere Höhe zu kommen.

Zunächst die Frage der Auslese der Geeigneten aus der Zahl der Bewerber.

Es gibt Ingenieure genug, die für unsere Zwecke geeignet wären, aber sehr viele melden sich schon darum nicht, weil sie mit den Aufgaben des Patentingenieurs und mit den Aussichten, die sich ihm bieten, nicht vertraut sind. Unter denen aber, die sich bewerben, sind sehr viele, die von falschen Anschauungen ausgehen und eigentlich etwas ganz anderes suchen, oder die sich über ihre eigene Veranlagung und ihre Fähigkeiten täuschen. Die wirklich Geeigneten herauszufinden ist schwer. Selbst durch eine wohldurchdachte Vorprüfung der Bewerber wäre es nicht möglich, endgültig und eindeutig über die Eignung des einzelnen zu entscheiden. Die erste Wahl ist daher Sache des Glücks und einer gewissen Geschicklichkeit. Immerhin lassen sich einige Fingerzeige geben.

Ein Bewerber, der die Hochschule besucht und dann ein paar Jahre Erfahrungen als Ingenieur gesammelt hat, wird mindestens 26—27 Jahre alt sein. Da ein gewisses Maß von Welt- und Lebenserfahrung für uns sehr viel wiegt, schadet es nichts, wenn er dem 30. Lebensjahr noch näher gerückt ist. In diesem Alter ist er in der Regel für uns am entwicklungsfähigsten. In höherem Alter nimmt die Entwicklungsfähigkeit des einzelnen wieder ab. Wo der Umkehrpunkt liegt, das hängt nicht nur von der Veranlagung des einzelnen, sondern auch von dem früheren Gang seines Lebens ab. Leute, die viele Jahre lang sehr einseitig beschäftigt waren, sind oft schon dadurch für eine neue Ausbildung solchen Umfangs, wie sie für den Patentingenieur gefordert wird, verdorben. Bei Bewerbern, die sich den Vierzigern nähern, ist daher besonders sorgfältige Prüfung des bisherigen Entwicklungsganges erforderlich. Herren, die über 40 Jahre alt sind, können für die Ausbildung noch vortrefflich geeignet sein; aber nur dann soll man es mit ihnen versuchen, wenn ihre Veranlagung und ihr bisheriger Lebensgang darauf hinweist, daß sie sich sowieso bisher auf einer unserer Zielrichtung naheliegenden Linie bewegt haben. Mit wachsendem Alter des Bewerbers wird dann das Wagnis immer größer, zumal auch die älteren Herren, die in der Welt schon etwas gegolten haben, einer mehrjährigen neuen Entwicklung unwillkürlich inneres Widerstreben entgegensetzen.

Über die *körperliche Anlage* gibt uns die im Siemenskonzern übliche ärztliche Untersuchung der Neueinzustellenden nur ungenügenden Anhalt, da sie sich fast nur unmittelbar auf die lebenswichtigen Organe und auf die Sinne erstreckt und manche für unsere Arbeit besonders wichtige Einzelheiten ganz außer acht läßt. Man kann zuweilen durch Ausfragen über dies und das noch brauchbare Anhaltspunkte bekommen. Ich würde z. B. nicht gern einen Herrn aufnehmen, der leicht ermüdet, und würde denen, die in ihren „gesunden" Tagen abends nicht rasch einschlafen und bei 7—8 Stunden Schlaf sich nicht bald nach dem Erwachen vollkommen frisch fühlen, von vornherein von der Tätigkeit als Patentingenieur abraten, da die Aussicht für sie zu gering ist.

Die *geistige Veranlagung*, die von dem angehenden Patentingenieur gefordert werden muß, ergibt sich aus den beiden vorausgegangenen Kapiteln. Zu beachten ist noch folgendes: Man pflegt zwei Hauptarten von Menschen zu unterscheiden: die „Abstrakten" und die „Konkreten". Der Konkrete besitzt ein lebendiges Anschauungs- und Erinnerungsvermögen, kann viele Dinge gleichzeitig überschauen, ist aber weniger befähigt, allgemeine Begriffe zu bilden und in die Tiefe zu dringen. Dem Abstrakten fehlt die große Breite des geistigen Blickes; er sucht das Gemeinsame und Wesentliche in der Vielheit der Dinge zu erfassen und dadurch die Fülle der Anschauungen zu beherrschen. Tatsächlich zieht sich ein solcher Gegensatz zweier Menschenarten durch das ganze Tun der Menschen hin. Nicht nur im Gegensatz des Praktikers und des Theoretikers; des Hand- und des Kopfarbeiters prägt sich etwas davon aus; die ganze Geschichte der Wissenschaft seit den ältesten Zeiten ist durch diese Gegensätze zerspalten; alle Weltanschauungen der Menschen, ja die Geistesrichtungen verschiedener Völker, haben diesen Gegensatz als Hauptgrund alles Widerstreits. Man denke an den angelsächsischen Realismus, den deutschen Idealismus. Selbst in der Arbeit der „exakten" Naturforschung prägt sich der Gegensatz aus, wie besonders *Duhem* gezeigt hat (vgl. oben S. 4).

Der Unterschied des „Abstrakten" und des „Konkreten" wird also wohl von großer Bedeutung für jegliche Geistesarbeit sein. Welcher Art soll nun der Patentingenieur zugehören? — Aus allem, was wir gesehen haben, ergibt sich leicht, daß er keinesfalls einseitig der einen oder anderen Art angehören darf. Er muß, soweit das irgend möglich ist, beide Fähigkeiten in sich zu entwickeln vermögen. Glücklicherweise sind die „gemischten" Geistesarten, denen das gelingt, in der Wirklichkeit sehr viel häufiger vertreten, als es nach der großen Bedeutung, die die einseitigen Arten für die Entwicklungsgeschichte der Menschheit immer gehabt haben, zunächst erscheinen könnte.

Man pflegt nun in der Psychologie die Menschen noch besonders nach der Eigenart ihres Anschauungs- und Erinnerungsvermögens einzuteilen in „Visuelle" (Optiker), „Akustiker" und „Motoriker", je nachdem bei ihnen die Gesichts-, Gehör- oder Bewegungs- (und Formen-) Vorstellungen am stärksten ausgeprägt sind. Dieser Unterschied scheint indessen für die Arbeit des Patentingenieurs ziemlich belanglos zu sein, falls es sich nicht um Fälle ganz besonders starker Einseitigkeit handelt.

Über die geistige Veranlagung gibt zuweilen eine ausführliche Aussprache mit dem Bewerber mancherlei Aufschlüsse, und man wird solche Aussprache nicht versäumen, wenn sie irgend möglich ist; aber sie führt doch selten zu genügender Klarheit. Ich pflege dem Bewerber in großen Zügen ein Bild unserer Berufsauffassung und unserer Arbeitsweise zu geben und ihn dann zu einer Selbstprüfung darüber anzuregen, wie weit er diesen Forderungen gewachsen ist. Was dabei herauskommt, ist zwar auch durchaus nicht ausschlaggebend, hat uns aber immerhin in manchen Fällen beim Finden des Richtigen wesentlich unterstützt. Nur der kann unser Mann sein, der einigermaßen klar sieht, wie die Dinge liegen, und der dann ganz willig mit uns geht.

Zeugnisse über frühere Tätigkeit haben für uns nur Wert als Ausweis über den Lebensgang des Bewerbers. Einen Anhalt für die Frage seiner Eignung für uns geben sie fast nie.

Psychotechnische Prüfungen, an die man denken könnte, wären nur äußerst schwierig anzustellen und würden selbst im günstigsten Fall für unseren besonderen Zweck nicht viel sagen, wenn sie nicht in einer unseren Forderungen besonders angepaßten Art ausgeführt werden. Das wäre aber höchst umständlich und so zeitraubend, daß es sich von selbst verbietet. Kürzere Prüfung der sonst üblichen Art würde nur die wirklich Minderwertigen sicher aussieben, die man auch ohnedies schon bei einer allgemeinen Aussprache mit den Bewerbern oder spätestens in den ersten Wochen der Mitarbeit herausfindet. Für die Feinauslese der Entwicklungsfähigsten reicht sie nicht zu.

So kann uns bei der Auswahl in erster Linie nur Erfahrung und Menschenkenntnis leiten. Später muß dann auf Grund der Ergebnisse der allmählichen Entwicklung sorgfältig gesiebt werden.

Die neueingetretenen Herren müssen nun planmäßig entwickelt und ausgereift werden. Es soll immer eine größere Anzahl solcher Herren vorhanden sein, da die Entwicklung jedes einzelnen jahrelang dauert und immer ein Teil versagt oder aus anderen Gründen ausscheidet. Außerdem ist die Zahl der zu Entwickelnden nicht nach dem heutigen, sondern nach dem zukünftigen Bedarf zu bemessen, der voraussichtlich erheblich größer sein wird. Wir hatten vor dem Kriege gleichzeitig etwa 10—12 solcher auszubildender Herren. Heute müßten es unter sonst gleichen Verhältnissen mindestens doppelt so viele sein. Es ist aber noch nicht die Hälfte der Friedenszahl.

Den Herren wird ein erfahrener Führer zur Seite gestellt, der sie beratet und anleitet, ihnen Erfahrungen übermittelt und jede Hilfe leistet, die zur raschen, regen Entwicklung des einzelnen förderlich sein kann. Die Herren arbeiten zunächst in einem Saale zusammen, haben aber die Möglichkeit, sich zu Besprechungen, längeren Diktaten usw. vorübergehend in Einzelzimmer zurückzuziehen. Später werden ihnen Einzelzimmer zu dauernder Benutzung zugewiesen; in der ersten Entwicklungszeit sind Einzelzimmer weniger vorteilhaft.

Zunächst werden die Neueingetretenen für einige Tage in die Verwaltungsstelle und in die literarische Gruppe der Patentabteilung geschickt, auf die wir noch zurückkommen werden. Dort lernen sie rasch das Ineinandergreifen der verwickelten Einrichtungen und die festen Betriebs- und Verkehrsformen aus eigener Anschauung kennen. Dies erleichtert sehr das Verständnis der Organisation und das weitere Zusammenarbeiten.

Dann werden ihnen leichtere Arbeiten patentrechtlicher Art zugewiesen, mit Vorliebe solche aus dem besonderen Arbeitsgebiet älterer, erfahrener Patentingenieure, die auch die endgültige Verantwortung für die richtige Erledigung übernehmen und das Nötigste mit dem anderen besprechen, während der Führer der „Schule" ihn beratet, ihm hilft und seine Entwicklung überwacht und regelt. Der Anfänger arbeitet ja auf dem ihm noch fremden, äußerst verwickelten Gebiet zunächst mit ungeheurer innerer Reibung und kommt nur langsam von der Stelle. Er steht den Verhältnissen vorerst ziemlich ratlos gegenüber und wird leicht kopfscheu. Der sich ihm ganz widmende Führer kann hier sehr förderliche, wertvolle Arbeit leisten.

Nach einigen Monaten, wenn die ersten Schwierigkeiten überwunden sind, wird die Entwicklung des einzelnen durch zahlenmäßige Aufzeichnungen über seine Leistungen verfolgt. Damit wird in erster Linie die Gesamtmenge seiner Leistung erfaßt unter Berücksichtigung der besonderen Bedingungen, unter denen sie zustande kommt. In geeigneten Fällen werden auch planmäßige Beobachtungen gemacht, um festere Anhaltspunkte und vergleichbare Werte über die geistigen Eigenschaften des Betreffenden und über die Güte seiner Arbeit zu bekommen. Das geschieht möglichst unauffällig, dem Beobachteten selbst nicht bewußt, damit die Arbeit nicht gestört wird. Freilich soll dabei jeder immer im allgemeinen wissen, was mit ihm geschieht und warum es geschieht. Er würde sich sonst geheimer Überwachung und vielleicht gar ungerechter Behandlung ausgesetzt fühlen. Das muß ebenso sorgfältig vermieden werden, wie die Störung der Arbeit.

Sind auch die Ergebnisse, die man so bekommt, im Einzelfall nie ganz eindeutig, so kann man doch durch planmäßiges, von Erfahrung getragenes Vorgehen allmählich sehr brauchbare, nahezu willkürfreie Werte gewinnen für die wichtigsten Grundzüge der psychologischen Eigenart und der Fähigkeiten des Arbeiters, soweit sie für seine Brauchbarkeit entscheidend sind. Auf die Hilfsmittel und Verfahren, mit denen sich das erreichen läßt, kann ich im Rahmen dieser Schrift nicht näher eingehen. Ich werde aber nachher noch zeigen, wie man unter gewissen Voraussetzungen zu einer Art zusammenfassendem Gesamtwert für die Brauchbarkeit des einzelnen gelangen kann.

Mit steigender Entwicklungskurve wird den Auszubildenden allmählich immer größere Freiheit und immer höhere Verantwortung gegeben. Besonders letzteres ist ein vorzügliches Mittel, um alle guten Anlagen eines Menschen zu entfalten und vor allem ihn die schöpferische Einstellung finden zu lassen. Es ist eine Hauptaufgabe unserer „Schule", in jedem das Gefühl der Verantwortlichkeit und Freiheit zu entwickeln und ihn dahin zu bringen, daß es sein höchster beruflicher Ehrgeiz wird, die beste Wirkung im Sinne unserer Ziele zu erreichen, nötigenfalls unter Hintanstellung seiner Empfindlichkeiten, Eitelkeiten und seines eigenen Vorteils. Er muß seiner selbst bewußt und überzeugt sein, daß er auf solche Art zwar sich nicht ins Licht drängt, dafür aber auch niemanden enttäuscht; daß er zwar nur langsam zu Ansehen kommt, dafür aber allmählich um so sicherer geschätzt und gesucht wird.

Solche Forderungen sind manchem unbequem. Sie liegen aber in der Eigenart der Aufgaben, die nur im Zusammenwirken mit anderen Außerhalbstehenden, und auf die Dauer nur dann gelöst werden können, wenn der Patentingenieur das unbedingte Vertrauen jener anderen besitzt. Die Patentabteilung ist nicht um ihrer selbst willen da, sondern für die Betriebe; sie soll diesen wertvolle Hilfe und Ergänzung sein. Das kann sie nur, wenn sie sich diesen Betrieben ohne jede Rücksicht auf eigene Wünsche und Bequemlichkeiten anschmiegt. Wird sie den Betrieben unbequem, so wachsen bald die stets vorhandenen Reibungswiderstände so, daß der Erfolg in Frage gestellt wird; mindestens entsteht ungeheure Leerlaufarbeit[1]).

Diese Fähigkeit, mit anderen auch unter erschwerenden Umständen reibungslos zusammen zu arbeiten, ohne sich etwas zu vergeben, ist so wichtig, daß man ihr bei der Ausbildung des Patentingenieurs die größte Sorgfalt widmen muß, und daß man jedem, der sie trotzdem nicht zu einer besonderen beruflichen Kunst zu entwickeln vermag, lieber von

[1]) Vgl. S. 16f., S. 27 u. 31.

dem Beruf abraten soll. Jene Kunst beruht auf Menschenkenntnis, innerer Ruhe und Sicherheit und zielstrebigem Wollen. Sie kann daher auch niemals durch einen Befehl ersetzt werden, der das gute Zusammenarbeiten erzwingen soll.

Wenn der angehende Patentingenieur eine solche sittliche und geistige Einstellung für seinen Beruf finden soll, so muß er allerdings auf seinem Entwicklungswege immer die Hilfe finden, die ihn frei und sicher macht, und er soll wissen, daß seine Leistungen richtig gewertet werden. Es kommt also sehr viel auf das Geschick des Führers an. Starre Vorschrift und schroffe Forderung würden wenig helfen und sind zu vermeiden, wenn nicht im Sonderfall geschäftliche Gründe sie gebieterisch verlangen. Der Führer wird aber an Hand von Erfahrungen den anderen zum eigenen Nachdenken anregen und ihn die beste Anpassung an die Verhältnisse selbst allmählich finden lassen.

Gegenseitiges Vertrauen ist eine Grundbedingung erfolgreicher Führung. Günstigste Voraussetzung des Erfolgs aber ist guter Wille und allgemeine Arbeitsfreudigkeit. Sie zu erzielen und dauernd zu erhalten ist unerläßlich. Viel trägt dazu das Gefühl der Zusammengehörigkeit aller, der Verantwortlichkeit jedes einzelnen und der Gemeinsamkeit des Zieles bei. Das aber läßt sich auf mannigfache Art erreichen. Auch die Pflege edler Geselligkeit der Patentingenieure untereinander, vermag jenes Gefühl sehr zu fördern und hat den Zusammenschluß, die Arbeitsfreude und das Hand in Hand-arbeiten viele Jahre lang in einem Maße begünstigt, wie es kaum durch ein anderes Mittel möglich gewesen wäre.

Der Führer wird darauf achten müssen, daß der Auszubildende mit fortschreitender Entwicklung allmählich mit immer verwickelteren Dingen betraut wird und daß er auch immer mit der richtigen Arbeitsmenge belastet wird. Der Auszubildende darf nicht der Versuchung ausgesetzt sein, die Arbeit zu „strecken", weil ihm die Zeit zu reichlich zugemessen ist; er verfällt sonst in Leerlaufarbeit und verliert allmählich den Maßstab für seine eigene Leistungsfähigkeit. Er darf aber auch nicht überlastet werden, so lange er noch nicht genügend dagegen abgehärtet ist; es tritt sonst leicht Zersplitterung und das Gefühl der Ohnmacht gegenüber der Arbeit ein, und das kann ebenfalls zu Leerlaufarbeit und Störung der Entwicklung führen. Wir haben schon im vorigen Kapitel auf diese Zusammenhänge hingewiesen (S. 43f.).

Sehr gut ist es, den einzelnen über seine eigene Entwicklungsfähigkeit aufzuklären; ihm gelegentlich zu zeigen, welchen Weg er bereits zurückgelegt hat, und ihm durch gute Vorbilder vor Augen zu führen, welchem weiteren Ziel er entgegengeführt wird. Durch diese Klärung und Belebung seines Vorstellungskreises kann gar manche Hemmung beseitigt werden, und er kann dahin geleitet werden, sich selbst zu finden.

Durch geschicktes, psychologisch feinfühliges Eingreifen kann der Führer dem einzelnen auch viel helfen, jene schöpferische Einstellung den Aufgaben gegenüber zu finden, von der im vorigen Kapitel die Rede war.

Im übrigen ergibt sich aus dem 2. Kapitel vieles, auf das bei der Ausbildung des Patentingenieurs besonderer Wert zu legen ist. Hervorgehoben sei hier nur noch kurz folgendes:

Der Patentingenieur soll sich möglichst bald daran gewöhnen, auch schwierige Schriftsätze einem Stenographen frei in die Feder zu geben. Er soll sich üben im sicheren und raschen Aufnehmen verwickelter Mitteilungen; er muß sich daran gewöhnen, in verwickelten Gedankengängen durch andere unterbrochen zu werden und seine ursprüngliche Gedankenkette nach einiger Zeit wieder aufzunehmen; er muß sich erziehen zu ständiger Bereitschaft, seelische Hemmungen irgendwelcher Art mit größter Energie und ohne Zeitverlust zu überwinden. Alles dies macht dem Anfänger viel Qual, ist aber notwendig und läßt sich erringen.

Eine andere wichtige Regel, deren Begründung sich aus dem früher Gesagten ergibt, ist: Der Patentingenieur soll mit dem Betrieb und ganz besonders mit den Erfindern in geschäftlichen Dingen möglichst persönlichen Verkehr pflegen; er soll sich die Auskünfte, die er braucht, mündlich geben lassen. Die Gründe ergeben sich schon aus dem, was S. 55 über die Knechtung durch das geschriebene Wort gesagt ist. Das geschriebene Wort in seiner Starrheit knechtet nicht nur seelisch sehr viel stärker als das gesprochene, sondern es verlangt auch gewissermaßen gesellschaftlich eine ganz andere Rücksicht, eine höhere Unantastbarkeit als das gesprochene Wort. Es wirkt wie ein fremdes Geistesgut, an dem man nicht rühren darf. Tatsächlich sind ja auch diejenigen, die ihre Gedanken schriftlich festgelegt haben, meist gegen jede Abweichung von den einmal von ihnen selbst gewählten Worten empfindlich. Beim gesprochenen Wort ist das fast nie der Fall. Das geschriebene Wort hemmt viel mehr die freie Entwicklung der Gedanken.

Wenn mir jemand schriftlich Gedanken mitteilt, die ich weiter verarbeiten soll, so pflege ich — wenn ich Gelegenheit habe dies rechtzeitig zu tun — mich zunächst mit dem Betreffenden persönlich auszusprechen, bevor ich seine Niederschrift lese. Man kommt so schneller und besser zum Ziel. Ebenso, wenn ich mir eine Rechtslage klarmachen will, so pflege ich Erläuterungsschriften und Gerichtsentscheidungen erst zur Hand zu nehmen, wenn ich mir zuvor schon selbst ein Bild von der Lage gemacht habe.

Der Patentingenieur soll in die Betriebe gehen und keinesfalls warten, bis jemand zu ihm kommt. Der Verkehr wird dann leichter und freier; zudem sieht und hört er weit mehr und fühlt sich unmittelbar in die Verhältnisse ein. Viele Fragen kommen in Fluß, die sonst gar nicht oder erst sehr viel später aufgekommen wären. Wenn der Patentingenieur sich grundsätzlich überall hin rufen läßt, wo er gebraucht wird, sind auch für ihn gewisse Förmlichkeiten, die zuweilen bei empfindlichen Leuten Schwierigkeiten machen, ein für allemal eindeutig erledigt.

Der Patentingenieur soll sich ferner nicht zu einseitig betätigen. Zwar wird man bei der Zuteilung der Arbeit nach Möglichkeit auf besondere Neigungen, Fähigkeiten und Erfahrungen Rücksicht nehmen, aber man soll dennoch keinen auf ein zu enges Sondergebiet festlegen, denn das kann im Lauf der Zeit zu einem Versagen führen, da er zu leicht den Blick für die größeren Zusammenhänge verliert. Außerdem ist es für die möglichst vollkommene Ausnutzung aller Kräfte unerläßlich, die Patentingenieure durcheinander vertretbar zu machen.

Der Patentingenieur, der sich im Lauf der Jahre im Sinne unserer „Schule" voll entwickelt hat, wird natürlich sehr wertvoll sein, und zwar nicht nur für die besonderen Zwecke der Patentabteilung; er wird auch in sehr vielen anderen Beziehungen seinen Mann stehen. Wir haben deshalb gar manchen Patentingenieur verloren, weil man ihn anderwärts für großzügige Aufgaben begehrte.

Da die „Schule" sich ausschließlich an den wirklichen, laufenden Aufgaben der Patentabteilung übt, wird von ihr dauernd geschäftliche Arbeit bewältigt, und diese Leistung ist erheblich größer als sie sein würde, wenn die Auszubildenden ohne solche Führung mehr oder weniger auf sich selbst angewiesen wären. Die „Schule" macht sich also nicht nur dadurch bezahlt, daß wir erstklassige Mitarbeiter gewinnen, deren Leistungen später erheblich über den Durchschnitt hinausgehen, sondern auch durch die schon in der Ausbildungszeit erzielten Mehrleistungen der Herren.

Die „Schule" ist während des Krieges aus naheliegenden Gründen fast ganz zusammengebrochen und konnte auch bis heute noch nicht wieder befriedigend aufgebaut werden, da Nachwuchs fast ganz fehlt und die Abteilung unter schwerer Überlastung leidet.

Eine weitere Einrichtung, die nicht nur die noch auszubildenden Herren, sondern auch die erfahrenen Patentingenieure wesentlich fördert, sind die regelmäßigen Besprechungen, zu denen alle Patentingenieure, die irgend abkömmlich sind, zusammen kommen. Sie fanden früher viele Jahre lang wöchentlich einmal statt und nahmen je nach dem vorliegenden Stoff etwa 1—4 Stunden in Anspruch. Hauptzweck war die Bekanntgabe aller wichtigen Ereignisse auf dem Gebiet des Patentwesens, z. B. neuer Gesetze in irgendeinem Lande, wichtiger Entscheidungen der Gerichte oder der Patentämter, wichtiger Druckschriften usw. In geeigneten Fällen gab einer der Herren einen wohlvorbereiteten Bericht, an den sich dann eine Aussprache anschloß. Nach Bedarf wurden auch Vorschläge über Neueinrichtungen der Patentabteilung besprochen, die sich aus den Erfahrungen der Patentingenieure oder der Angehörigen anderer Gruppen der Patentabteilung entwickelten.

Diese Mitteilungen und Aussprachen führten meist zur raschen Verbreitung der Kenntnis wichtiger Vorfälle, zur Klärung neu auftauchender Fragen und zum raschen Austausch von Erfahrungen. Die Teilnahme jedes einzelnen an allen wichtigen Fragen wuchs. Viel Umwege und Irrwege wurden den Beteiligten erspart, und das Gefühl des gemeinsamen Strebens, das ja die wertvollste Grundlage jeder Organisation bildet, verstärkte sich. Alles griff viel glatter ineinander.

Für die auszubildenden Herren vertieften die Aussprachen die Kenntnisse und Erfahrungen, erweiterten den Gesichtskreis und schulten in Schlagfertigkeit und freier Rede, zwei wichtigen Fähigkeiten des Patentingenieurs. Viele erlangten dabei allmählich einen hohen Grad von Selbstzucht, von überlegener Ruhe und Sicherheit. Das machte sie vor allem für den Außenverkehr wertvoll; handle es sich nun um den Verkehr mit den Betrieben oder mit Außerhalbstehenden; oder sei es in Verhandlungen vor dem Patentamt und vor den Gerichten oder bei sonstigen öffentlichen Gelegenheiten, bei denen der Patentingenieur die Firmen zu vertreten hat.

Durch die Kriegsverhältnisse ist auch diese wertvolle Einrichtung schwer beeinträchtigt worden.

c) Zahlenmäßiges Verfolgen der Entwicklung.

Seine Bedeutung. Wertung des Einzelnen: Sonderwerte und Gesamtwert — „Zusammengehörige" Sonderwerte — Komponenten und Resultanten — Näherungswerte des Gesamtwertes — Voraussetzungen der Gültigkeit — Weitere Näherung — Voraussetzungen der Gültigkeit. Wertung des Ganzen: Klassenteilung und Zerfällung der Leistungen — Normalwerte — Verhältniswerte — Kurven — Kostenermittlung der Einzelleistung — Praktische Bedeutung.

Die Ausbildung der Patentingenieure und die Fortentwicklung des Organismus der Patentabteilung wird sehr erleichtert durch beständiges Überwachen der jeweiligen Leistungsfähigkeit des einzelnen und des Ganzen. Ein genaues Werten würde aber einen Maßstab voraussetzen, der von Willkür und Zufälligkeiten möglichst unabhängig ist und den man nachprüfen und sicher genug handhaben kann, so daß man zu eindeutigen, vergleichbaren Zahlwerten kommt. Nur an Hand solcher genügend zuverlässiger Zahlwerte für die Leistung wird man den jeweiligen Stand jedes einzelnen und des Ganzen ermitteln können. Nur durch Vergleichen der zu verschiedenen Zeiten gewonnenen Zahlwerte wird man den Einfluß dieses oder jenes Umstandes, z. B. den Einfluß einer organisatorischen Maßnahme, auf die Leistungsfähigkeit einwandfrei feststellen und arbeitspsychologische Zusammenhänge, die für den Erfolg der Arbeit wichtig sind, befriedigend aufdecken und alles gut ordnen können. Das alles ist um so wichtiger, je empfindlicher und feinfühliger die Organisation ist, je hochwertiger und verwickelter die von ihr zu leistende Arbeit ist, und je mehr es darauf ankommt, das Bestmögliche herauszuholen.

Gestaltet man eine Organisation nur gefühlsmäßig und läßt im übrigen die Dinge laufen, wie es von selber geht, so wird man zwar auch irgend etwas erreichen, aber niemals auch nur annähernd den Bestwerten nahekommen, selbst wenn der Leiter der Organisation eine glückliche Hand hat. Das gilt wenigstens auf einem so empfindlichen Gebiet wie dem des Patentwesens. Freilich, wenn man kein Vorbild hat und keinen Maßstab, nach dem man vergleichen und werten kann, so wird man den Abstand von dem erreichbaren Bestwert gar nicht ermessen können und wird vielleicht zufrieden sein mit dem, was man erreicht hat; — so lange, bis man eine Möglichkeit zum Vergleich und zu willkürfreier Wertung hat.

Nun ist es allerdings nicht leicht, die Leistungen der Patentingenieure und der anderen Glieder der Organisation nach Menge und vor allen Dingen nach Güte zahlenmäßig zu erfassen. Noch schwieriger ist es, die geistigen und sittlichen Fähigkeiten der einzelnen zuverlässig zu werten. Aber selbst wenn man für solche Wertung zuverlässige Verfahren hat, so verbietet sich vielfach ihre Anwendung im Betriebe aus rein äußerlichen Gründen oder aus geschäftlichen Rücksichten.

Indessen auch das Wenige, was sich trotzdem erringen läßt, kann schon ein großer Gewinn sein; sei es auch nur, daß man dadurch aufmerksamer wird auf die feineren Zusammenhänge des geistigen Geschehens; daß der Blick sich weitet und das Gefühl für das Richtige sich schärft.

Um die Wertigkeit eines einzelnen, insbesondere eines Patentingenieurs, voll zu erfassen, müßte man seine allgemeine Veranlagung und seine jeweilig erlangte Erfahrung und Übung getrennt berücksichtigen. Das sind aber keine einfachen, einheitlichen Werte; es handelt sich vielmehr um sehr verwickelte Begriffe, deren vollständige Auswertung eine sehr weitgehende Zergliederung erforderlich machen würde.

Dergleichen ist aber an sich schon mit größten Schwierigkeiten verknüpft und bei dem heutigen Stand der Dinge in einem Betriebe wie dem einer Patentabteilung stets nur in beschränktem Maße durchführbar. Die Einzelheiten dessen, was in dieser Hinsicht geschehen kann, würden uns hier viel zu weit führen. Wir haben die Frage schon oben (S. 72f.) einmal berührt und haben dabei erwähnt, daß es unter gewissen Voraussetzungen möglich sei, eine Art Gesamtwert der Brauchbarkeit des einzelnen zu finden. Hierüber sei wenigstens einiges Nähere gesagt.

Angenommen, wir besäßen eine vollständige Wertung des einzelnen hinsichtlich seiner wichtigsten Eigenschaften und Fähigkeiten, und hätten z. B. eine Reihe von Werten für sein logisches und sein mechanisches Erinnerungsvermögen, für seine Konzentrationsfähigkeit, für sein ordnendes Auffassen verwickelter Zusammenhänge, für seine Findigkeit, für die Schärfe seines logischen Erfassens, für gewisse sittliche Eigenschaften usw. Diese Einzelwerte würden sich nun aber noch nicht ohne weiteres zu einem einheitlichen Gesamtwert für einen Geistesarbeiter zusammenfassen lassen, der diesen mit anderen unmittelbar vergleichbar macht. Die Werte für „Gedächtnis" und für „Konzentrationsfähigkeit" z. B. lassen sich unmittelbar nicht summieren und überhaupt nicht vergleichen. Vergleichen lassen sich nur geistige Werte derselben Art, die nach demselben Maßstab gemessen sind oder auf gleichen Maßstab zurückgeführt werden können. Man könnte also beispielsweise verschiedene Menschen lediglich nach ihrem Gedächtniswert oder nach dem Wert ihrer Konzentrationsfähigkeit vergleichen. Wenn sie aber in diesen beiden Richtungen verschiedene Werte hätten derart, daß der eine einen günstigeren Gedächtniswert, dafür aber einen ungünstigeren Wert der Konzentrationsfähigkeit besäße als der andere, so würde wieder jeder Maßstab fehlen, um zu ermitteln, wie weit der Mangel des einen Wertes durch den Überschuß des anderen ausgeglichen werden kann.

Nun kommt uns aber ein Umstand zu Hilfe. Wenn man auf irgendeinem Wege, wenn auch nur in grober Näherung, für eine größere Anzahl von Menschen vergleichbare Wertzahlen für eine bestimmte Reihe geistiger Eigenschaften gewonnen hat, so nimmt man wahr, daß manche dieser Wertzahlen sich bei verschiedenen Menschen in annähernd demselben Verhältnis unterscheiden derart, daß die verschiedenen Menschen, die für eine bestimmte geistige Eigenschaft annähernd gleiche Wertzahlen besitzen, auch in einer Reihe anderer geistiger Eigenschaften annähernd gleiche Wertzahlen zeigen. Wir wollen solche Eigenschaften kurz „zusammengehörige" Eigenschaften nennen.

Die Zusammengehörigkeit beruht offenbar darauf, daß diese Eigenschaften von einer gemeinsamen, tieferliegenden Grundeigenschaft wesentlich bestimmt werden. Was wir als bestimmte „geistige Fähigkeit" hervorzuheben pflegen, ist eben immer ein verwickeltes Zusammenspiel von Kräften, die aus dem lebendigen Wirken des Geistes lediglich nach ihrer praktischen Bedeutung von uns herausgehoben sind. Sie sind nichts Selbständiges, Einfaches, sondern „Resultanten“, deren Komponenten uns nicht immer bekannt, meist aber schwerer zugänglich sind, als die Endwirkungen des Zusammenspiels, die uns wegen ihrer praktischen Bedeutung veranlassen, von bestimmten geistigen Fähigkeiten zu sprechen.

Dieselben Komponenten, die in einer bestimmten Fähigkeit mitwirken, können aber auch im selben oder in anderem Grade in anderen Fähigkeiten mitbestimmend sein. Bei den oben als „zusammengehörig“ bezeichneten Eigenschaften liegt offenbar ein und dieselbe Hauptkomponente vorherrschend zugrunde. Wer hohe Konzentrationsfähigkeit nach Art und Dauer besitzt, hat fast immer auch einen entsprechend hohen Wert seines Gedächtnisses (nicht aber umgekehrt!). Wer bei Arbeiten, die höchste Konzentration erfordern, nach Güte Hervorragendes leistet, der leistet fast immer auch nach Menge Hervorragendes (nicht aber umgekehrt!). Es sind die gleichen Hauptkomponenten, die für das eine und das andere entscheidend sind.

Allerdings wird sich nicht der ganze geistige Arbeitswert eines Menschen auf eine einzige herrschende Hauptkomponente zurückführen lassen[1]). Aber für den praktischen Gebrauch ist es doch möglich, eine Hauptfähigkeit und einen Hauptwert zu ermitteln, der für die ganze Wertigkeit des Geistesarbeiters als entscheidend angesehen werden kann. Freilich wird man eine solche Hauptwertzahl nur mit größter Besonnenheit benutzen dürfen. Man wird keine zu weitgehenden Schlüsse daraus ziehen dürfen. Man wird sie auch immer wieder an Hand der Erfahrung nachprüfen müssen. Aber man hat wenigstens vorerst einmal eine gewisse Grundzahl, die als Ausgangspunkt einer Wertung dienen und gute Dienste leisten kann.

So zeigt sich beispielsweise, wenn gewisse unerläßliche Voraussetzungen erfüllt sind, daß dann schon eine Wertzahl von scheinbar ganz untergeordneter Bedeutung eine gewisse Grundlage, einen ersten rohen Anhalt für eine Wertung geben kann. Ein solcher Wert kann schon die Anzahl der Schreibmaschinenseiten sein, die von einem Patentingenieur im Durchschnitt eines Monats als Ergebnis seiner Tätigkeit geliefert werden. Vorausgesetzt ist selbstverständlich, daß es sich dabei um ein Ergebnis guter, „konzentrierter“ Arbeit handelt; daß der Betreffende insbesondere auch bei allem, was er schriftlich niederlegt, mit Erfolg

[1]) Sollte es wirklich einen „Zentralwert“ geben, der alle „Korrelationen“ geistiger Fähigkeiten bedingt, so ist es mindestens fraglich, ob er sich als bestimmte geistige Fähigkeit fassen läßt und nicht etwa rein physisch (physiologisch, energetisch) bestimmt werden muß.

danach strebt, mit dem Mindestmaß von Schreibwerk den Höchstwert an Wirkung zu erzielen. Ferner ist vorausgesetzt, daß die „Mischung“ der Arbeitsleistungen, die dem Betreffenden während des Beobachtungszeitraumes oblagen, im Durchschnitt aller zu vergleichenden Fälle immer annähernd dieselbe ist; daß also im Durchschnitt längerer Zeiträume ungefähr dasselbe Verhältnis besteht zwischen der Anzahl der von ihm ausgearbeiteten Patentanmeldungen, Einsprüche, Verteidigungsschriftsätze, Gutachten, der Besprechungen in den Betrieben, Verhandlungen mit Behörden usw. Vorausgesetzt ist ferner, daß derjenige, um dessen Wertung es sich handelt, über seine erste Entwicklungsstufe des unsicheren Tastens hinaus ist, und dergl. mehr. Diese Voraussetzungen sind in den ersten Entwicklungsjahren des Patentingenieurs in der Regel bis zu gewissem Grade erfüllt, so daß ein solcher rasch gegriffener Wert, wie der des Leistungsniederschlages in Schreibmaschinenseiten, schon ein gewisses Maß für den Stand der Entwicklung des einzelnen abgeben und bei besonnener Handhabung manchen wertvollen Fingerzeig geben kann.

Für eine etwas feinere Wertung wird man natürlich anders vorgehen. Man kann beispielsweise für verschiedene Arten von Arbeiten, die von den Patentingenieuren zu erledigen sind, gewisse Normalwerte ermitteln. Man kann dann feststellen, wie viel Arbeiten jeder einzelnen Art der Betreffende in einem größeren Beobachtungszeitraum, z. B. in einem Monat, erledigt hat. Die Anzahl der Arbeiten jeder Art werden dann mit dem Normalwert multipliziert und durch Summierung aller so erhaltenen Werte bekommt man eine Leistungszahl des Betreffenden.

Als Normalwert kann beispielsweise die im großen Durchschnitt von erstklassigen Ingenieuren auf eine Arbeit der bestimmten Art verwendete Zeit angenommen werden. Die Arbeiten einer und derselben Art werden im Einzelfall sehr verschiedene Zeit in Anspruch nehmen. Wo es sich um ein schöpferisches Finden handelt, läßt sich niemals angeben, wieviel Zeit im Einzelfall auf die Arbeit zu verwenden ist. Aber im Durchschnitt einer großen Anzahl von Fällen kommt man dennoch zu ziemlich eindeutigen Zahlen, die man als Normalwerte für die vorhin erwähnten Zwecke sehr gut verwenden kann, falls auch die Anzahl der Fälle, auf die sie angewandt werden sollen, groß genug ist.

Freilich erfaßt man mit solchen oder ähnlichen Ermittlungen unmittelbar nur die Menge der Arbeit, nicht auch die Güte[1]). Die Zahlen haben also nur dann einen Wert, wenn man sich auf anderen Wegen

[1]) Eine vollkommenere Wertzahl der Leistungsfähigkeit wäre als Produkt eines Güte- und eines Mengenwertes darzustellen oder als eine Summe solcher Produkte.

vergewissert, daß der Betreffende ein zuverlässiger Arbeiter ist in dem Sinne, wie wir es in den vorausgegangenen Kapiteln gefordert haben, so daß man ein Hand-in-Handgehen von Menge und Güte voraussetzen kann (vgl. S. 36f.). Ein gewisser Gleichmäßigkeitsgrad hinsichtlich der Güte wird unter den auszubildenden Patentingenieuren ja schon dadurch allmählich herbeigeführt, daß Gütewerte eines Arbeiters, die unter einer gewissen Grenze liegen, in der Regel schon frühzeitig zur Ausscheidung des Betreffenden führen. Unter dem so gesiebten Bestand an Arbeitenden ist dann naturgemäß ein viel engerer Zusammenhang zwischen Menge und Güte der Ergebnisse als es sonst der Fall wäre.

Besonders bei den noch in der Entwicklung begriffenen Herren wird man sich von der Güte der Arbeit fortlaufend überzeugen und wird jede Möglichkeit benutzen, um auch über ihre besonderen Fähigkeiten im einzelnen Wertzahlen zu bekommen, sei es durch zahlenmäßige Ermittlungen oder durch Schätzungen oder durch beides vereint.

Aus allen solchen Werten lassen sich dann auch recht wertvolle Entwicklungskurven für jeden einzelnen gewinnen.

Um nun zu Leistungswerten der Patentabteilung als Ganzes zu gelangen, muß man die Leistungen der Hilfsstellen mit berücksichtigen. Diese Leistungen sind z. T. unmittelbar abhängig von der Arbeit der Patentingenieure (so z. B. die für die Arbeit der Patentingenieure erforderlichen Schreibarbeiten usw.), z. T. sind sie mehr selbständiger Art (z. B. die Beschaffung von Auszügen aus fremden Schutzrechten und von Literatur für die Betriebe, ferner manche Verwaltungsarbeiten usw.).

Man kann nun die gesamte Arbeit der Patentabteilung einteilen in Klassen von solchen Arbeiten, die untereinander annähernd gleichartig sind und die als selbständige Leistungen auch zahlenmäßig leicht erfaßt werden können. Solche Klassen sind z. B.: Ausarbeitung von Patentanmeldungen, Erwiderungen auf patentamtliche Einwendungen, Einspruchsschriftsätze, Gutachten, Literaturauszüge usw. Bei den meisten dieser Klassen sind an jeder Arbeit mehrere Arbeiter beteiligt, die verschiedenen Gruppen der Patentabteilung angehören; so z. B. beim Ausarbeiten und Einreichen einer Patentanmeldung: der Patentingenieur, die Kanzlei, die Zeichnerei, die Verwaltungsstelle, der Botendienst usw.

Nun kann man für alle diese Teilarbeiten aus dem Mittel zahlreicher Fälle den zu ihrer Erledigung erforderlichen durchschnittlichen Zeitwert in „Mann-Minuten" oder in „Mann-Tagen" finden. Hat man einmal diese Zeitwerte zuverlässig genug ermittelt, dann kann man sie auf längere Zeit hinaus als fest, als „Normalwert" ansehen und folgendermaßen zur Berechnung von Leistungswerten benutzen. Man zerfällt die zahlenmäßig ermittelten, in einem gewissen Zeitraum, z. B. in einem Monat, geleisteten Arbeiten einer jeden Klasse in ihre Teilarbeiten nach Arbeitsgruppen der Patentabteilung und multipliziert die Anzahl aller Teilarbeiten einer und derselben Art mit dem ihr entsprechenden, vorhin erwähnten Normalwert. Durch Summierung aller Teilleistungen jeder Arbeitsgruppe der Patentabteilung bekommt man dann ohne weiteres die Gesamtleistung der Gruppe in normalen „Mann-Tagen".

Die so in Normal-Werten ermittelte Leistung wird sich nicht ohne weiteres mit der Zeitleistung, d. h. mit der Summe aller zu der Leistung erforderlich gewesenen Arbeitstage decken. Bei vorübergehender Über- oder Unterbelastung wird jene größer oder kleiner sein als diese. Dasselbe wird eintreten, wenn der Normalwert infolge einer tiefergreifenden Änderung der Leistungsfähigkeit der Gruppe größer oder kleiner wird.

Dividiert man nun die in Normalwerten ermittelte Leistung einer Arbeitsgruppe durch die Zeitleistung, so bekommt man einen für Vergleiche sehr brauchbaren Verhältniswert der Leistung. Er gestattet die Änderungen der Leistung bequem zu verfolgen und beispielsweise die Wirkung von organisatorischen Maßnahmen auf die Leistungsfähigkeit gut zu beobachten. Er kann auch aufgefaßt werden als die auf den Kopf entfallende durchschnittliche Leistung, berechnet aus der Gesamtleistung der Gruppe, wobei die Zeitleistung = 1 gesetzt ist.

Durch Summierung der Leistungen aller Arbeitsgruppen der Patentabteilung bekommt man einen Wert der Gesamtleistung der Patentabteilung, und wenn man diesen durch die Zeitleistung dividiert, den Verhältniswert der Gesamtleistung, oder die auf den Kopf jedes Angehörigen der Abteilung entfallende Durchschnittsleistung.

Dieser Wert hat zwar zunächst insofern etwas Willkürliches, als er die nach Mann-Tagen errechnete Leistung des Patentingenieurs derjenigen des kleinsten Gehilfen gleich wertet. Außerdem gleichen sich in diesem Gesamtwert die Belastungsunterschiede verschiedener Gruppen ganz oder teilweise aus. Im allgemeinen aber greifen alle Glieder der Abteilung eng ineinander, derart, daß einer Überlast einer Stelle meist auch eine Überlast der anderen Stelle entspricht. Der Gesamtwert ergibt also dennoch ein annäherndes Bild der tatsächlichen Gesamtleistung und gibt trotz vieler Unvollkommenheiten manchen brauchbaren Aufschluß.

Ich gebe als Beispiel die in der geschilderten Weise berechnete Leistungskurve der ersten 8 Monate nach Kriegsbeginn und zum Vergleich die Kurve des vorausgegangenen Jahres. Der bei der Berechnung zugrunde gelegte „Normalwert“ ist den damaligen Volleistungen einer gutgeschulten, von bestem Leistungswillen beseelten Angestelltenschaft und der damals geforderten Art der Ausführung der Arbeiten angepaßt.

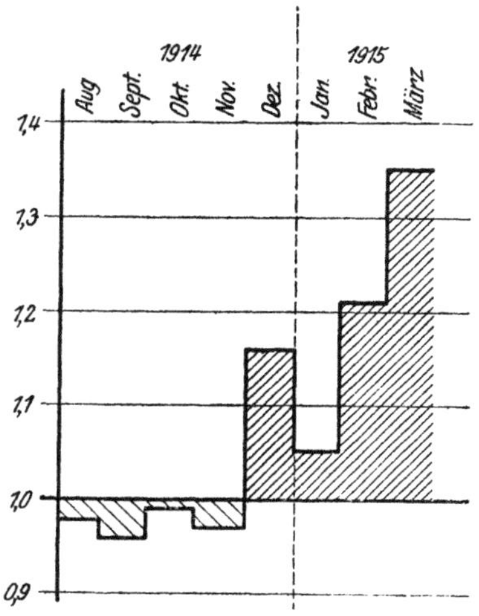

Die Kurve zeigt bei Kriegsbeginn einen starken Unterwert der Durchschnittsleistung des einzelnen, trotz der hohen Anforderungen, die infolge des plötzlichen Ausscheidens so vieler Angestellter an

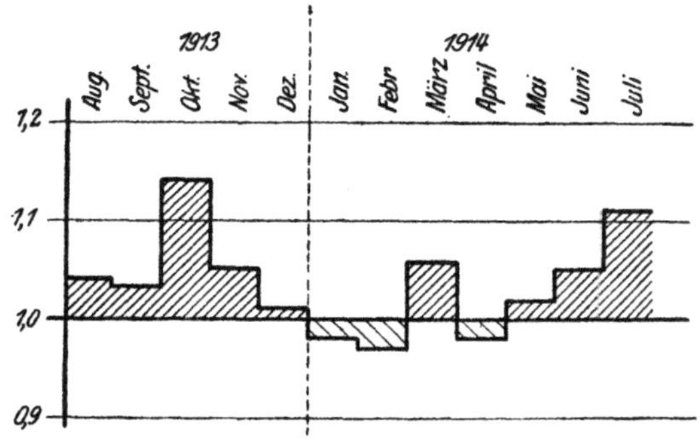

jeden der Zurückgebliebenen gestellt wurden. Diese starke Senkung der Leistung beruht z. T. auf der Verwirrung der ersten Monate, z. T. auch darauf, daß der ganze Betrieb umgestellt werden mußte und viele sich erst allmählich in die von anderen begonnenen Arbeiten hineinfinden mußten. Bald aber steigt die Kurve wieder, überschreitet schon im Dezember weit den Normalwert und geht immer weiter zu ungewöhnlicher Höhe. Dieser Anstieg hat sich auch mit Schwankungen bis heute weiter fortgesetzt.

Dieser Verlauf kann leicht zu Trugschlüssen Anlaß geben. Der hohe Stand der Kurve bedeutet einerseits eine dauernd hohe Überlastung, andererseits eine Steigerung der Leistungsfähigkeit des einzelnen und — vermöge organisatorischer Vervollkommnungen — auch der Gruppen. Aber das alles würde die Leistungskurve nicht annähernd so hoch treiben können, wie sie sich tatsächlich für die späteren Jahre ergibt, wenn man die Berechnung mit den früheren Normalwerten ausführt.

Die scheinbar hohe Leistung ist zum guten Teil dadurch bedingt, daß allmählich viele Teilleistungen der einzelnen Arbeiten, die früher zur Erhöhung der Sicherheit und Vollkommenheit der Arbeit regelmäßig eingeschlossen waren, nicht mehr oder nur noch unvollkommen ausgeführt wurden, weil der immer wachsende Andrang der Arbeit bei dem Mangel geschulter Helfer zur äußersten Beschränkung zwang. Unter diesen nun schon viele Jahre geltenden Verhältnissen eines ausgesprochenen Notbetriebes können natürlich die alten Normalwerte nicht mehr gelten. Aus diesem Grunde habe ich auch die Wiedergabe des weiteren Verlaufs der Kurve unterlassen.

Zu der Kurve des dem Kriege vorausgegangenen Jahres ist zu bemerken, daß die darin sich zeigenden starken Leistungserhöhungen z. T. auf die Häufung von Krankheits- oder Urlaubsfällen zurückzuführen sind, die den im Dienst Verbliebenen erhöhte Leistungen abnötigten. Die stärkeren Senkungen der Leistung sind z. T. auf das Eintreten neuer Angestellter zurückzuführen, die sich erst einarbeiten mußten und daher zunächst die Durchschnittsleistung etwas herabdrückten.

Auf Grund der Normalwerte lassen sich nun auch die Kosten, die durch jede einzelne Arbeit im Mittel bedingt sind, leicht ermitteln. Die durchschnittlichen Kosten pro „Mann-Tag" werden in den einzelnen Gruppen sehr verschieden sein, denn sowohl die Gehälter und Löhne, als auch die für den Kopf zu rechnenden allgemeinen Unkosten für Raumbedarf, Beleuchtung und Heizung, Materialverbrauch usw. sind von Gruppe zu Gruppe sehr verschieden. Aus den durchschnittlichen Kosten pro Mann-Tag jeder Gruppe und aus dem oben erwähnten Anteil in Mann-Tagen einer jeden Gruppe an der Erledigung einer bestimmten Klasse von Arbeiten kann man leicht die tatsächlichen Kosten errechnen, die eine Arbeit jeder Klasse im Durchschnitt verursacht.

Man hat dadurch ein bequemes Mittel, um die finanziellen Erfolge organisatorischer Maßnahmen, z. B. einer Änderung der Arbeitsteilung, zu verfolgen.

Durch Änderung des Anteils, den verschiedene Arbeitsgruppen an den einzelnen Klassen von Arbeiten haben, insbesondere durch stärkeres Heranziehen geringerer Kräfte zur Entlastung der höherwertigen; ferner durch planmäßige Verminderung aller Hemmungen und immer sorgfältigeren Zusammenschluß aller Arbeitenden; vor allem aber durch wachsende Erfahrung und Reifung jedes einzelnen haben sich die Zeitwerte und die Kosten für die Arbeitseinheit jeder Klasse im Laufe der Jahre immer mehr vermindert. Zum Teil gingen die Kosten bis auf einen kleinen Bruchteil früherer Kosten zurück, während gleichzeitig die Güte der Leistungen stieg.

Die Ermittlung der durchschnittlichen Kosten für die Arbeitseinheit jeder Klasse hat übrigens nicht nur die Bedeutung eines Hilfsmittels für die wirksame Ausgestaltung und Führung des Betriebs, sondern gibt auch einen Schlüssel für die Verteilung der Unterhaltungskosten der Patentabteilung auf die Betriebe des Konzerns.

2. Die Hilfsstellen.

Grundgedanke der Gliederung — Vorteile — Grenzen der Gliederung. a) Verwaltungsstellen: Verwaltung der Schutzrechte — Formverkehr — Zahlstelle — Lizenzverwaltung — Aktenverwaltung — Verkehrsstelle. b) Graphische Hilfsstellen: Kanzlei — Abzieherei — Zeichnerei. c) Literarische Hilfsstellen: Bücherei — Nachforschungsstelle — Auszugswesen — Pressestelle — Stichwortverzeichnis. d) Haupthilfsstelle.

Die Kerntruppe der Patentingenieure muß aufs Vorteilhafteste ausgenutzt werden. Darum muß man sie von aller Arbeit entlasten, die andere Kräfte ebensogut machen können. Man wird zwar immer im Betrieb die besonders wertvollen Kräfte nach Möglichkeit entlasten; für die Patentingenieure aber ist solche weitgehende Entlastung ganz besonders notwendig, schon deshalb, weil sie schwierig auszubilden und meist nicht in ausreichender Zahl vorhanden sind. Sie ist aber auch durchführbar, denn gerade auf dem Arbeitsgebiet des Patentingenieurs gibt es viele Teilarbeiten, die zwar zum Erfolg notwendig sind, die sich aber auf andere Kräfte übertragen lassen, die leichter zu finden und für diese Sonderarbeiten leichter heranzubilden sind als der Patentingenieur für seine höheren Leistungen. Man muß also die von der Patentabteilung zu leistenden Arbeiten mit besonderer Sorgfalt zerlegen in die hochwertigen Teile, die unbedingt in einem einzigen Kopf zusammengefaßt werden müssen, und in diejenigen Teile, die auch von Hilfsarbeitern übernommen und in mehr oder weniger weitgehender Arbeitsteilung erledigt werden können.

Für den Patentingenieur bedeutet eine wohlerwogene Entlastung von geringeren Arbeiten zunächst eine vollkommenere Ausnutzung seiner Kraft und Zeit für die hochwertigen Arbeiten und damit eine Steigerung der Arbeitsmenge. Weiter aber bedeutet die Entlastung auch eine Befreiung des Geistes von störenden und hemmenden Eindrücken, infolgedessen eine freiere Entfaltung der Geisteskraft, Steigerung der Konzentration und damit der Güte der Endergebnisse.

Aber auch die abgespaltenen Teile der Arbeit, die nun den Hilfskräften zufallen, werden im allgemeinen vermöge der Sonderschulung und Erfahrung dieser Hilfskräfte wesentlich besser, schneller und sicherer erledigt, als es sonst möglich wäre.

Wie weit man mit der Gliederung der Arbeit gehen kann, ohne die Arbeit selbst zu beeinträchtigen, und wie weit man gehen darf, wenn man wirtschaftliche Nachteile vermeiden will, das abzuwägen ist Sache der Erfahrung. Schließlich entscheidet der Erfolg.

Je größer ein Betrieb ist, desto weiter wird man die Hilfsarbeiten unterteilen können und desto größer werden die Erfolge davon sein, vorausgesetzt, daß alle Glieder des Ganzen gut den Verhältnissen angepaßt sind und in der richtigen Verbindung miteinander stehen. Bei einem Betriebe von der Größe des Siemens-Konzerns, der am Patentwesen stärker beteiligt ist als irgendein Unternehmen der Welt, ließ sich naturgemäß der Hilfsorganismus des Patentingenieurs zu ganz anderer Leistungshöhe entwickeln, als dies sonst wohl möglich ist. Ohne auf die Einzelheiten näher einzugehen, will ich nachstehend nur einiges über die durch besondere Hilfsstellen übernommenen Leistungen mitteilen.

a) Verwaltungsstellen.

Die Verwaltung der Schutzrechte hat alle in Kraft stehenden Schutzrechte und schwebenden Anmeldungen zu überwachen, insbesondere die Fristen für Gebührenzahlung, für das Erbringen von Ausübungsnachweisen, für das Geltendmachen von Prioritätsrechten usw. Sie hat vorkommenden Falls die Betriebe rechtzeitig zu benachrichtigen und ihnen alle urkundlichen Angaben zu machen, die zur Beurteilung des einzelnen Falles notwendig sind. Ist die Frage entschieden, so hat sie dafür zu sorgen, daß alles formgerecht erledigt, die Gebühren gezahlt werden usw. Die Wichtigkeit und der bedeutende Umfang dieser Tätigkeit macht es notwendig, eine große Zahl von Nachschlage- und Überwachungsbüchern zu führen.

Zu alledem gehören viele Kenntnisse und viel Erfahrung und Gewissenhaftigkeit. Es handelt sich ja nicht nur um Deutschland, sondern auch um das gesamte Ausland, und in jedem Lande liegen die Verhältnisse etwas anders. Von jedem Schritt der Verwaltungsstelle aber kann das ganze Schicksal eines Schutzrechtes abhängen, und das stellt zuweilen Millionenwerte dar.

Die Zahl der von dieser Stelle verwalteten, noch bestehenden in- und ausländischen Schutzrechte und der noch schwebenden Anmeldungen beträgt gegenwärtig etwa 12000.

Dieser Verwaltungsstelle angegliedert ist eine Stelle für den Teil des Verkehrs mit den Behörden und Vertretern des In- und Auslandes, der sich im wesentlichen nach Formvorschriften abwickelt. Dazu gehören die formgerechten Anmeldungsanträge, Fristgesuche und dergl., die Beschaffung von Urkunden (Prioritätspapieren, Vollmachten, Beglaubigungen usw.), ferner die Überwachung aller herausgehenden Anmeldungsunterlagen auf Formenrichtigkeit nach den gesetzlichen Bestimmungen der verschiedenen Länder.

Ferner ist ihr eine besondere Stelle angegliedert, die den Geldverkehr der Patentabteilung behandelt, die vielen Tausende kleiner und meist eiliger Zahlungen aus einer eigenen Kasse erledigt und die größeren Zahlungen und Belastungen durch die Hauptkasse und die Oberbuchhalterei des Konzerns veranlaßt.

Die Lizenzverwaltung hat die Rechtsbeziehungen, die durch Auseinandersetzungen mit Dritten über Erfindungen geschaffen werden, zu überwachen und zu verwalten. Es handelt sich dabei um Mitbenutzungsrechte, schwebende Streitfragen usw.; im besonderen auch um die Lizenzverträge des Konzerns. Sie hat alle Lizenzabrechnungen zu machen und alle Ein- und Ausgänge, die sich auf die Lizenzangelegenheiten, Patentverletzungen und Vorbenutzungsrechte beziehen, verwaltungsmäßig zu bearbeiten. Die sachliche Bearbeitung fällt den Patentingenieuren zu.

Die Zahl der von dieser Stelle verwalteten, noch in Kraft stehenden Lizenzverträge beläuft sich auf etwa 250.

Dieser Stelle ist auch die verwaltungsmäßige Behandlung der von außerhalb eingehenden Erfindungsangebote zugewiesen. Sie belaufen sich gegen tausend im Jahr. Sie werden nach Namen und nach Inhalt verbucht, alle in Betracht kommenden Stellen des Konzerns und die dafür zuständigen Patentingenieure werden benachrichtigt und die rechtzeitige und vollständige Erledigung wird überwacht. Sachlich werden solche Angebote von den Patentingenieuren zusammen mit den Werken behandelt.

Der Aktenverwaltung liegt die Führung der sehr umfangreichen Akten der Patentabteilung ob und das Ausleihen dieser Akten. Es handelt sich um etwa 50—60000 Aktenstücke. Von diesen werden etwa 15000 häufig gebraucht, die anderen seltener. Da von der Übersichtlichkeit der Akten und der Sicherheit des Auffindens aller Schriftstücke sehr viel abhängen kann, so erfordert auch diese Tätigkeit viel Umsicht und Gewissenhaftigkeit.

Die Verkehrsstelle hat alle Ein- und Ausgänge der Patentabteilung zu sichten und zu verteilen, in den unbedingt notwendigen Grenzen zu buchen und darüber zu wachen, daß alles rechtzeitig erledigt wird.

Die Gesamtzahl aller Ein- und Ausgänge der Abteilung beträgt rund 300000 im Jahr.

Der Verkehrsstelle ist die Versandstelle und der Eilbotendienst angegliedert. Die letztere Gruppe besorgt den sehr umfangreichen Eilverkehr mit dem Patentamt und verbindet die räumlich abgetrennten Gruppen, insbesondere auch unsere regelmäßig oder vorübergehend im Patentamt selbst beschäftigten Angestellten, mit der Hauptstelle der Patentabteilung. Die Versandstelle bereitet den allgemeinen Postversand vor und klatscht die Briefe ab. Das Versenden selbst besorgt die nächstgelegene Hauptversandstelle des Konzerns.

b) Graphische Hilfsstellen.

Die Kanzlei leistet den gesamten Stenographendienst und den größten Teil der Maschinenschreiberei für die Abteilung. Besondere Schreibkräfte hat noch die literarische Hilfsstelle der Abteilung für die

Herstellung von Auszügen aus fremden Schutzrechten und aus Druckschriften. Auf diese werden wir noch zurückkommen.

Die Kanzlei stellt außerdem den ganz selbständig arbeitenden Patentingenieuren Sondergehilfinnen, die außer dem Schreibwerk noch andere Arbeiten übernehmen, z. B. Fristen überwachen, mit Hilfe der dafür zuständigen Stellen Akten, Druckschriften und dergl. besorgen, Sonderakten führen, einfache Briefe nach kurzer Angabe entwerfen usw.

Die Abzieherei stellt Umdrucke von Schriftstücken her, die in größerer Anzahl rasch gebraucht werden. Sie liefert ungefähr jährlich 500000—600000 Blatt Abzüge von etwa 70000 verschiedenen Blättern.

Die Zeichnerei liefert einen Teil der Zeichnungen für die Schutzrechtsanmeldungen des In- und Auslandes. Es handelt sich um etwa 1300 Blatt jährlich, die einzeln von Hand hergestellt werden. Ein anderer Teil der Zeichnungen wird außerhalb der Patentabteilung von Hand oder durch Umdruck hergestellt. Lichtpausen fertigt die Lichtdruckerei des Hauses an. Zeichnungen, die zu Auszügen aus fremden Schutzrechten oder aus der Literatur gehören, werden von der Gruppe „Auszugswesen" besorgt, auf die wir noch zurückkommen werden.

c) Literarische Hilfsstellen.

Die Bücherei führt eine Sammlung patentrechtlicher Druckwerke des In- und Auslandes, technischer Nachschlagewerke und häufig gebrauchter Sonderschriften. Diese Sammlung umfaßt mehrere Tausend Bände.

Außerdem verwaltet sie die Patentschriftensammlung. Diese umfaßt mehrere Hunderttausend Patentschriften des In- und Auslandes, die nach technologischen Gesichtspunkten geordnet werden.

Es werden jährlich etwa 15—20000 Bücher und Patentschriften ausgeliehen.

Die Bücherei besorgt auch nach Bedarf aus den Sonderbüchereien der Betriebe des Siemens-Konzerns und aus den öffentlichen Büchereien solche Schriften, die in der Patentabteilung selbst nicht vorhanden sind.

Die Nachforschungsstelle hat zu ermitteln, ob für einen bestimmten Gegenstand Schutzrechte in Deutschland oder einem anderen Lande bestehen. Ferner hat sie nachzuforschen, was über diese oder jene technische Frage schon veröffentlicht worden ist. Solche Nachforschung geschieht meist, um eigene Schutzrechte schärfer gegen schon Bekanntes abgrenzen zu können oder um Waffen für einen Angriff gegen fremde Schutzrechte zu finden oder um den Erfindern mit Anregungen an die Hand zu gehen. Außerdem hat die Nachforschungsstelle für bestimmte Sondergebiete regelmäßige Übersichten über alle diese Gebiete berührenden Schutzrechte und Veröffentlichungen zu liefern.

Der gesamte bei solchen Arbeiten gewonnene Stoff wird durch Nachweiskarten oder sonstige Einrichtungen für beliebigen späteren Gebrauch greifbar gemacht.

Das „Auszugswesen“ ist eine besonders umfangreiche Gruppe. Sie hat die fremden Schutzrechte und Anmeldungen des In- und Auslandes zu überwachen und von denen, die einen Betrieb des Konzerns angehen könnten, sofort bei ihrem Bekanntwerden Auszüge oder vollständige Abschriften zu beschaffen und den beteiligten Stellen mitzuteilen. Dabei kommt es sehr auf Zuverlässigkeit und Schnelligkeit an, denn oft muß binnen einer bestimmten Frist an der Hand dieser Abschriften entschieden werden, ob gegen eine fremde Anmeldung Einspruch erhoben oder andere Maßnahmen ergriffen werden sollen. Ein Übersehen einer wichtigen Anmeldung, ein Fehler beim Abschreiben oder verspätete Lieferung der Abschrift kann also großen Schaden bringen. Dabei sind es jährlich viele Zehntausende von solchen Abschriften und von zugehörigen Zeichnungen.

Im deutschen Patentamt beschäftigt die Gruppe nur für diesen Zweck beständig eine größere Anzahl Angestellter, z. T. mit Schreibmaschinen. Diese Angestellten haben eine besondere Geschäftsstelle in der Nähe des Patentamts und stehen durch täglich mehrmaligen Botengang mit dem in der Hauptstelle der Patentabteilung ansässigen Teil der Gruppe in Verbindung.

In den ausländischen Ämtern werden Abschriften teils durch Vermittlung der Auslandsvertretungen des Konzerns, teils durch die besonderen Auslandsvertreter der Patentabteilung besorgt.

Außer den Auszügen und vollständigen Abschriften von Anmeldungen oder Patenten besorgt die Gruppe auch Abschriften amtlicher Prüfungsakten und Auszüge aus den in der Bücherei des Patentamts vorhandenen Druckschriften.

Die Gruppe führt eine technologisch geordnete Sammlung aller gelieferten Auszüge fremder Schutzrechte, die sehr viel benutzt wird. Sie umfaßt weit über Hunderttausend solcher Abschriften.

Dem Auszugswesen angegliedert ist eine Überwachungsstelle fremder Schutzrechte, die insbesondere die Schutzrechte der Hauptwettbewerber des Konzerns in Zettellisten nach Ländern, Nummern und technologischen Gruppen zusammenstellt und die ferner die fünfjährigen Ausschlußfristen der den Konzern berührenden deutschen Patente überwacht und dafür sorgt, daß rechtzeitig vor deren Ablauf entschieden wird, ob und mit welchen Mitteln etwa eine Nichtigkeitsklage erhoben werden soll.

Eine besondere Pressestelle hat die Aufgabe, in Fühlung mit allen literarischen Gruppen des Konzerns die Veröffentlichungen des Konzerns daraufhin zu überwachen, daß nichts darin enthalten ist, was vom patentrechtlichen Standpunkt aus zu Bedenken Anlaß geben könnte; sie hat ferner in Fühlung mit der Hauptpressestelle des Konzerns diejenigen Nachrichten zu verbreiten, für die es aus patentrechtlichen Gründen erwünscht sein könnte; ferner hat sie in Fachzeitschriften diejenigen Anschauungen und Erfahrungen patentrechtlicher Art geltend zu machen, die sich aus den Arbeiten der Abteilung ergeben haben, und hat gegebenenfalls über Erfindungen des Konzerns Sperr-Veröffentlichungen zu bringen, falls Schutzrechte dafür nicht genommen werden sollen.

Es hat sich längst als wünschenswert ergeben, eine eigene Zeitschrift zu haben, die einem Teil dieser Bedürfnisse abhilft und die gleichzeitig in einer unserem Bedarf entsprechenden knappen und übersichtlichen Form diejenigen Vorkommnisse zusammenstellt, die für die Mitglieder der Patentabteilung, aber auch darüber hinaus für die Betriebe oder für die breitere Öffentlichkeit von Wert sein können. Die heutigen Schwierigkeiten zwingen aber dieses seit langen Jahren vorbereitete Werk vorerst ganz beiseite zu legen und überhaupt die Arbeit der Pressestelle auf das Unerläßliche zu beschränken.

Die Notwendigkeit, den ungeheuren technischen Stoff, der über mehr als 20000 Erfindungen der Betriebe in den Akten der Abteilung niedergelegt ist, vollständig zu beherrschen, jederzeit darüber Auskunft geben zu können und die unter irgendeinem Schlagwort auftretenden technologischen Gedanken aus dem großen Aktenbestand rasch herausfinden zu können, — diese immer wieder an uns herantretende Forderung hat dazu geführt, ein umfangreiches Nachschlagewerk — ein Stichwortverzeichnis — anzulegen, das dauernd auf dem Laufenden gehalten werden soll. Das erfordert freilich ein vollständiges Durcharbeiten aller Akten und volles technisches Verständnis für deren gesamten Inhalt, kann also nur von einem erfahrenen Ingenieur geleistet werden, der mit den Patentingenieuren Hand in Hand arbeitet. In jahrelanger Arbeit ist ein großes, über 100000 Zettel enthaltendes Werk entstanden, dessen Fortführung aber, wie so vieles andere, durch den Krieg unterbrochen wurde, so daß es einiger Jahre bedürfen wird, bis es wieder ganz auf der Höhe ist. Es wird trotz seiner Unvollständigkeit dauernd in großem Umfang in Anspruch genommen.

d) Haupt-Hilfsstelle.

Außer den genannten drei Hauptgruppen von Hilfsstellen bildete sich im Laufe der Zeit noch eine vierte heraus, die eine Reihe von Fragen behandelt, die mit der Führung der Patentabteilung im engeren Zusammenhang stehen. Sie soll darüber wachen, daß der Organismus der Patentabteilung in allen seinen Teilen möglichst reibungslos arbeitet; soll zwischen den einzelnen Gruppen vermitteln, wo es nottut; soll Sammlungen anlegen von den regelmäßig einlaufenden Berichten aller Länder über Patentgesetzgebung und über Rechtsprechung; soll Erfahrungen, die an einer Stelle gemacht werden, und sonstigen wichtigen Stoff für die anderen nutzbar machen; soll alles Bemerkenswerte sammeln, ordnen und greifbar erhalten und dafür sorgen, daß es an der rechten Stelle und zur rechten Zeit beachtet wird; sie soll alle Auskünfte geben oder vermitteln, die von Innerhalb- und Außerhalbstehenden verlangt werden; soll ferner die Neubearbeitung von Vordrucken, von Nachrichtenblättern und Rundschreiben der Patentabteilung in die Hand nehmen, soweit nicht andere Stellen dafür zuständig sind.

Sie hat dann auch die neu eintretenden Patentingenieure zu unterstützen und zu führen und die regelmäßigen Besprechungen zu leiten, in dem oben im vorigen Abschnitt (IV 1b) angedeuteten Sinn.

Diese Stelle kann heute bei der allgemeinen schweren Überlastung der Abteilung nur zum kleinsten Teil noch ihre Aufgaben erfüllen, zumal dafür zum Teil nur ganz erfahrene, langbewährte Herren in Betracht kommen können.

3. Zwanglauf- und Verkettungseinrichtungen.

Betriebsvorschrift. Erfordernisse — Zwanglauf — Seine psychologische Bedeutung — Verwirklichung in der Organisation — Vordruckwesen — Erfordernisse — Gefahren — Abwägung von Vor- und Nachteilen — Anpasssung — Der Patentingenieur und das Schema.

Der Zusammenschluß aller Glieder der Organisation nach dem gemeinsamen Ziel hin beruht in erster Linie auf den besonderen Ordnungs- und Betriebsvorschriften, die jedem einzelnen seinen Weg vorzeichnen. Jede solche Vorschrift muß einfach und übersichtlich sein und muß so leicht faßlich und den Verhältnissen so angepaßt sein, daß sie sich wie von selbst in einen allgemeinen Arbeitsrhythmus aller einfügt, der jeden zwangläufig mit fortreißt. Verwickelte Regeln mit Sonderfällen und Ausnahmen werden leicht Fußangeln und Fallstricke. Lieber einmal 5 gerade sein lassen, als die natürliche tragende „Resonanz" des Ganzen durch unrhythmische Zwischenstöße stören.

Ich habe deshalb immer allen Ausnahme- und Sondervorschriften widerstrebt, wenn nicht eine zwingende Notwendigkeit dafür vorlag. War dies aber der Fall, dann ging ich darauf aus, möglichst die Sondervorschrift so mit dem Getriebe zu koppeln, daß sie von selbst im rechten Augenblick lebendig wird und „anspricht". Das kann z. B. geschehen durch Vermerke in Überwachungsbüchern, durch geeignete Anordnung von Vordrucken oder dergl.

Solcher Zwanglauf ist neben den allgemeinen Betriebsvorschriften von allergrößter Bedeutung. Psychologisch entspricht er dem Gedächtnis, der Assoziation und den mancherlei unterbewußten Vorgängen, die, wie wir sahen, bei der geistigen Arbeit des einzelnen Menschen eine überaus wichtige Rolle spielen. Wir dürfen erwarten, daß deren organisatorisches Gegenstück nicht weniger Bedeutung hat. Verweilen wir daher etwas bei dem Vergleich!

Bei dem einzelnen Menschen erhöht sich die Leistungsfähigkeit allmählich durch den Reifungsvorgang, bei dem die häufiger wiederkehrenden, bewußten Vorgänge ganz oder teilweise durch ein unbewußtes zwangläufiges Geschehen abgelöst werden. Es findet dabei ein „Einschleifen" von Nervenbahnen und eine Verkettung und Vergesellschaftung von Empfindungs- und Vorstellungsgruppen statt derart, daß wir auf gewisse äußere Reize oder auf gewisse Vorstellungen unmittelbar mit Handlungen oder Vorstellungen antworten, ohne daß wir uns der auslösenden Reize bewußt werden oder jener Zwischenglieder, die uns früher den Gang von einem Ausgangspunkt nach jenen neuen Vorstellungen oder Handlungen vermittelten. Wir hatten im vorigen Kapitel verschiedene Beispiele dafür vor Augen. Wir erinnerten uns des Lesenden, der früher mühevoll buchstabierend und stammelnd Wortbilder zusammenstellte, um von diesen zu Vorstellungen zu gelangen, während er späterhin, ohne sich der Buchstaben oder der Worte noch bewußt zu werden, auf den Gesichtsreiz unmittelbar zu Vorstellungen und zum Sinn der Worte und Sätze vordringt. Wir erinnerten uns ferner des Radfahrers, der mit größter Mühe das Gleichgewicht zu halten und zu steuern lernt, wobei er sich der sehr verwickelten Muskel- und Nervenleistungen, die dazu erforderlich sind, mehr oder weniger bewußt wird, während er später mühelos die nämliche Leistung vollbringt, ohne daß ihm von den ganzen Vorgängen noch irgend etwas zum Bewußtsein kommt, ja, ohne daß er auch nur imstande wäre, sich selbst oder anderen Rechenschaft darüber zu geben, wie er nun die Leistung zuwege bringt. Tausend andere Beispiele könnten wir wählen.

Erfahrung, Schulung und Geschick des Berufsmenschen beruht auf ganz den gleichen Vorgängen. Immer handelt es sich darum, daß eine Reihe bewußter, oft recht verwickelter psychologischer Zwischenglieder zwischen einem veranlassenden Sinnesreiz oder einer veranlassenden Empfindung oder Vorstellung und einer Endwirkung im Vorstellungs- oder Bewegungsgebiet durch unterbewußte Vorgänge abgelöst werden, so daß die Endwirkungen sich sofort und von selbst einstellen, alles leicht geht und der Geist frei wird. An die Stelle der mühevollen, energieverzehrenden, verwickelten Bewußtseinsvorgänge ist ein maschinenartiger Zwanglauf getreten.

Ein ganz ähnlicher Zwanglauf mit ganz entsprechenden Wirkungen wird nun für einen Betriebsorganismus durch ein geschickt gewähltes Gefüge starrer Vorschriften herbeigeführt, die am besten so zu verkörpern sind, daß sie das Nachdenken nicht mehr wesentlich in Anspruch nehmen.

Diese Verkörperung kann in verschiedener Art geschehen. Eines der besten Mittel — wenn sonst die Voraussetzungen für seine Anwendung vorliegen — sind gute Vordrucke. Das Vordruckwesen ist ebenfalls nichts anderes als eine Ablösung der sich häufig in ähnlicher Art wiederholenden Gedankenketten durch eine für jeden Bedarfsfall greifbar bereitliegende Niederschrift dessen, was den gemeinsamen Grundzug aller jener Gedankenketten bildet, so daß es nur einer kleinen Ergänzung durch die unterscheidenden Merkmale des Sonderfalls bedarf, um ohne weiteres Nachdenken, gewissermaßen „unterbewußt", und ohne Zeitverlust sicher das nämliche Endergebnis zu erzielen, das sonst viel Erfahrung und viel Aufmerksamkeit in jedem einzelnen Fall erfordert hätte.

Ein gutes Vordruckwesen ist gewissermaßen unterbewußte Verkettung, auskristallisiertes Denken, maschinenmäßiges, zwangläufiges Arbeiten des Betriebsorganismus. Je mehr dem „Geist" des Organismus in dieser Weise vorgearbeitet und Arbeit abgenommen wird, desto freier, leichter und sicherer arbeitet er.

Das Vordruckwesen entspricht also dem Einschleifen der Geistestätigkeit in bestimmte Bahnen. Für eine Organisation, die verwickelte, oft in ähnlicher Weise wiederkehrende Aufgaben zu lösen hat, ist das Vordruckwesen gewissermaßen das Gedächtnis und die Übung; es ist das Mittel zur Erzielung von Höchstleistungen unter Gewähr größter Sicherheit und geringsten Aufwandes an Kraft.

Darin liegt seine Bedeutung.

Freilich muß das Vordruckwesen, wenn es wirksam sein soll, wohldurchgebildet und den Bedürfnissen aufs feinfühligste angepaßt sein. Vordrucke müssen sich — ebenso wie andere starre Vorschriften — ganz willig, wie von selbst, in den Betrieb einfügen. Sie dürfen nicht wirken, als seien sie um ihrer selbst willen da. Sie dürfen nicht Arbeit verzehren, statt selbst welche zu leisten. Sie dürfen nicht stören und ablenken wie lästige Diener, die im Wege stehen und mit denen man sich auseinandersetzen muß. Sie sollen sein wie Heinzelmännchen, die unbemerkt ordnen und vorarbeiten. Sie müssen sich darstellen als eine Festlegung und Bereitstellung von Erfahrungen und Ergebnissen wertvoller Überlegungen. Sie sollen die Übersicht erleichtern, das Vergessen von Angaben oder Maßnahmen verhüten, das Schreibwerk vereinfachen, gewisse Regeln und Vorschriften äußerlich festlegen, den Schriftstücken sicheres Geleite im Verkehr geben und durch die ein für alle Mal vorgeleistete Arbeit es ermöglichen, daß man niedere Kräfte mit gewissen wichtigen und immer wiederkehrenden Arbeiten betrauen kann, die sonst das Eingreifen der Hochwertigen erfordern würden.

Kurz und gut, das Vordruckwesen soll dem ganzen hochverwickelten Betrieb ein festeres Rückgrat geben, die Verbindung aller Glieder untereinander erleichtern und auch den weniger Kundigen sicher führen, wie eine Landkarte den Wanderer führt oder wie ein Wegweiser im verwickelten Straßennetz.

Freilich birgt es immer gewisse Gefahren in sich, wenn man den Geist durch Schablone und Zwanglauf ersetzt. Die Kunst der Führung wird darin bestehen, alles so zu ordnen, daß diese Gefahren auf ein erträgliches Maß zurückgeführt werden und daß sie gegenüber den erreichten Vorteilen ganz in den Hintergrund treten.

Man darf sich nicht beirren lassen, wenn in größeren Zwischenräumen einmal unter zehntausend erfolgreichen Fällen einer vorkommt, in dem das „Schema F" versagt und Schaden entsteht. Es kommt dann wohl vor, daß an der Stelle, die von dem Schaden betroffen wird, große Aufregung entsteht, und daß sich über die schuldige Abteilung eine Flut von Vorwürfen ergießt, die darin gipfeln, den bureaukratischen Geist, die Kleinlichkeit, Kindlichkeit, Umständlichkeit, Unerfahrenheit, den gedankenlosen-Formelkram oder sonst ein ähnliches Übel festzustellen. Das ist der unvermeidliche Zoll, den wir still und selbstbewußt tragen müssen zugunsten des großen Gewinns, den wir in den anderen 9999 Fällen von dem „Schema F" haben. Der „Fehler" wird in solchen Fällen zumeist durch irgendeinen jungen Mann gemacht, dem nur starre Vorschrift und Schema gegeben ist und der gar nicht in der Lage ist, sich über Richtigkeit oder Unrichtigkeit des Schemas im Einzelfall Rechenschaft zu geben, da er die tieferen Gründe und Zusammenhänge nicht überschaut.

Der im zehntausendsten Fall entstandene „Fehler" liegt lediglich in der natürlichen Unzulänglichkeit selbst der allerbest erdachten Hilfsmittel. Wollte man ihn vermeiden, indem man den das „Schema F" Ausfüllenden zum Nachdenken im einzelnen Fall anregte, so würde die Zahl der Fehler statt sich zu vermindern vielmehr ins Ungemessene wachsen, und die Zahl der Arbeitskräfte würde bedeutend vermehrt werden müssen, weil die Gesamtarbeit sehr viel mehr Zeit und Energie erfordern würde.

Freilich wird man immer wieder von neuem sich überlegen müssen, ob sich nicht das „Schema F" nach irgendeiner Richtung verbessern läßt, und ob es auch bei einem ehemals ganz vollkommen erscheinenden Schema nicht wieder an der Zeit ist, es den Verhältnissen sorgfältiger anzupassen, die sich stets, wenn auch nur langsam, ändern. Man muß auch diesen in Vordrucken verkörperten starrsten Teil der Organisation immer flüssig erhalten; man darf ihn nie veralten und vollständig erstarren lassen. Nur beständiges Beobachten, sorgfältiges Prüfen aller Änderungsmöglichkeiten und beständiges Nachschleifen kann hier helfen.

Wir waren dauernd bemüht, in diesem Sinne das Beste zu erreichen. Die Zahl der gegenwärtig in der Patentabteilung im Gebrauch befindlichen Vordrucke beläuft sich auf etwa zweihundert. Sie sind alle auf Grund langjähriger Erfahrungen aus den Betriebsnotwendigkeiten heraus erwachsen und immer wieder nachgefeilt worden. Was sich nicht bewährte, wurde möglichst rasch abgeändert oder ganz beseitigt.

Diese Vordrucke werden fast ausschließlich von den Hilfsstellen der Patentabteilung verwandt. Der Patentingenieur hat nur in wenigen Fällen Gelegenheit dazu, und dann sind es regelmäßig nur untergeordnete Handgriffe, die ebensogut ein anderer hätte machen können.

Hie und da, innerhalb wie außerhalb der Patentabteilung, hat man allerdings zuweilen geglaubt, ein Schema auch für gewisse Arbeiten fordern zu können, die in das ureigenste Schaffensgebiet des Patentingenieurs hineinfallen, z. B. für die Bearbeitung von Lizenverträgen. Ich habe mich aber dagegen gewehrt, hier irgendein Schema aufzustellen. Es gibt gewisse Dinge, wo jede Schematisierung vom Übel ist. Nicht einmal als Vorlagen oder Musterbeispiele möchte ich dem Patentingenieur Verträge an die Hand geben.

Dagegen haben wir für solche Vertragsabschlüsse einen sehr ausführlichen Fragebogen entworfen, der besonders den weniger bewanderten, aber auch noch den durchaus erfahrenen Patentingenieur wesentlich unterstützen kann, damit keine Erfahrungen beim Abschluß eines Vertrages ungenutzt bleiben und nichts vergessen oder übersehen wird, was für den Vertrag von Wichtigkeit sein könnte. Jedes Normalschema würde hier zu sehr binden. Der Geist muß lebendig gehalten werden, um alle Einzelheiten des Vertrages feinfühlig dem Sonderfall anzupassen. Jede feinste Wendung im Wort kann im Streitfalle von Bedeutung werden. Darum empfehle ich auch stets unseren angehenden Patentingenieuren, sich möglichst keinen fremden Entwurf für einen zu bearbeitenden Vertrag in die Hand stecken zu lassen, sondern selbst die Führung zu übernehmen. Die Gefahr an den fremden Worten und Wendungen zu kleben ist sonst zu groß.

Ohlenrothsche Buchdruckerei Georg Richters, Erfurt.

GPSR Compliance

The European Union's (EU) General Product Safety Regulation (GPSR) is a set of rules that requires consumer products to be safe and our obligations to ensure this.

If you have any concerns about our products, you can contact us on ProductSafety@springernature.com

In case Publisher is established outside the EU, the EU authorized representative is:

Springer Nature Customer Service Center GmbH
Europaplatz 3
69115 Heidelberg, Germany

Batch number: 10844827

Printed by Printforce, the Netherlands